U0298881

·黑龙江省非物质文化遗产系列丛书·

丛书主编 **宋宏伟**

山林手艺

——兽皮文化研究

张敏杰 著

图书在版编目 (CIP) 数据

山林皮艺——兽皮文化研究/张敏杰著.——哈尔滨：
黑龙江人民出版社，2012.7
(黑龙江省非物质文化遗产系列丛书/宋宏伟主编)
ISBN 978-7-207-09423-0

Ⅰ.①山… Ⅱ.①张… Ⅲ.①鄂伦春族－兽－毛皮加工－民族文化－研究－黑龙江省 Ⅳ.①K282.4②TS55

中国版本图书馆CIP数据核字(2012)第153369号

责任编辑：李春兰　朱佳新
装帧设计：徐　洋　杨立丽

黑龙江省非物质文化遗产系列丛书
主编 宋宏伟

山林皮艺——兽皮文化研究

Shanlin Piyi ——Shoupi WenhuaYanjiu

张敏杰 著

出版发行　黑龙江人民出版社
通讯地址　哈尔滨市南岗区宣庆小区1号楼
邮　　编　150008
网　　址　www.longpress.com　E-mail: hljrmcbs@yeah.net
制　　版　黑龙江龙江传媒有限责任公司
印　　刷　黑龙江龙江传媒有限责任公司
开　　本　787毫米×1092毫米 1/16·印张14 插页 2
字　　数　210千字
版　　次　2012年7月第1版　2012年7月第1次印刷
书　　号　ISBN 978-7-207-09423-0

定　　价　80.00元

总序 Overall order

黑龙江省文化厅厅长 宋宏伟

“物质文化遗产是文化之象，非物质文化遗产是文化之脉，无文象不存，无文脉不传。”

异彩纷呈、绚丽多姿的非物质文化遗产，是民族文化经过历史风雨的淘洗后留下来的薪火，是一个国家和地区历史的见证和文化的象征，是文化多样性的重要体现。黑龙江省地处祖国东北边疆，区域辽阔，物产丰富，历史悠久，是个多民族的省份。这些民族在社会历史发展的长河中，共同创造了物质文明，同时也创造并传承下了具有地方特色、民族特色和各个时代特色的非物质文化遗产。它们凝聚着先民的智慧，蓄积了不同历史时代的精华，保留了浓缩的民族和地域特色，成为北方民族和龙江大地生生不息的文化底蕴。保护与传承这些弥足珍贵的非物质文化遗产，是历史赋予我们的重要使命。

以2003年“中国民族民间文化保护工程”启动实施为标志，我国的非物质文化遗产保护工作开始走上了全面的、整体性的保护阶段。2004年8月，我国正式成为《保护非物质文化遗产公约》的缔约国，2005年3月，国务院办公厅颁发《关于加强我国非物质文化遗产保护工作的意见》，在这样的大背景下，黑龙江省非物质文化遗产的保护，更加自觉、更为有序、更具规范地开展起来，成为整个文化工作的重点之一。保护非物质文化遗产，需要我们有高度的文化自觉，也需要我们勇于承担时代赋予的责任。近几年，全省各级党委和政府高度重视非物质文化遗产保护工作，各级文化部门和广大文化工作者、非物质文化遗产传承人，不负使命，以科学务实的精神，勇于探索，积极实践，在挖掘、普查、抢救、保护、传承方面做了大量卓有成效的工作。用3年时间完成了普查工作，建立了较为完备的四级名录保护体系，健全了各级非遗工作机构，形成了有效的传承机制。尤其是2011年11月，我省国家级项目赫哲族“伊玛堪”被列入联合国教科文组织“急需保护的非物质文化遗产名录”，望奎皮影戏与其他10省共同申报的中国皮影被列入联合国教科文组织“人类非物质文化遗产代表作名录”，至此，黑龙江省成为我国2011年入选世界级非遗名录仅有的两个项目全部成功的唯一省份，这标志我省非物质文化遗产保护工作取得历史性突破，填补了我省没有世界历史文化遗产的空白，这对扩大黑龙江省文化的国际影响和知名度，具有重要意义。同时，也对我省非物质文化遗产保护工作产生积极的影响。目前，全省共有2个世界级非物质文化遗产项目，27个国家级非物质文化遗产项目，194个省级非物质文化遗产项目，还有一大批市级、县级非物质文化遗产名录也全部纳入保护范围。我省现有国家级传承人12名，省级传承人176名；设立了“赫哲族生态保护实验区”等三个省级文化生态保护区；命名了18个省级传习基地，我们还创新管理模式，把名录项目保护作为非物质文化遗产保护工作的主体，实施记录式保护、研究式保护、活态式保护、生产式保护和传播式保护等综合性、立体式保护方式，并根据我省名录项目保护工作进展情况，出台了《黑龙江省非物质文化遗产名录项目保护管理暂行规定》等一系列办法和意见，为各级主管部门提供政策保障。随着非物质文化遗产保护工

作的逐步深入，我们在理论上对非物质文化遗产保护与传承进行了积极的探索，形成了文化管理机构、文化研究机构、社会科学研究机构共同协作研究的非物质文化遗产研究体系，整理出版了一批研究成果，为我省留下了丰富的历史文化记忆，为非物质文化遗产保护工作提供了坚实的基础。

为了更好地保护和弘扬黑龙江省优秀非物质文化遗产成果，进一步推进非物质文化遗产保护事业的发展，省文化厅决定编纂出版“黑龙江省非物质文化遗产系列丛书”，采取名录概览和分项目独立成卷的方式陆续编辑出版。名录概览将以《黑龙江省非物质文化遗产名录图典》为题，采取图文并茂的形式，全面展示黑龙江省非物质文化遗产资源。分项目独立成卷，则囊括了国家级和省级非物质文化遗产名录诸多项目的挖掘、整理、传习、研究等保护成果。

这套丛书的出版，浓缩着几代非物质文化遗产传承人的大量心血，凝聚着全省各级文化行政部门及非物质文化遗产保护工作者的聪明才智，倾注编纂工作者的辛勤汗水。在此，谨向这些为黑龙江省优秀非物质文化遗产保护传承和发展做出贡献的人们表示敬意和感谢！相信这套丛书将为广大读者开启一扇认识和了解黑龙江历史文化的大门，让您感受到黑龙江历史文化的独特魅力。

目录 Contents

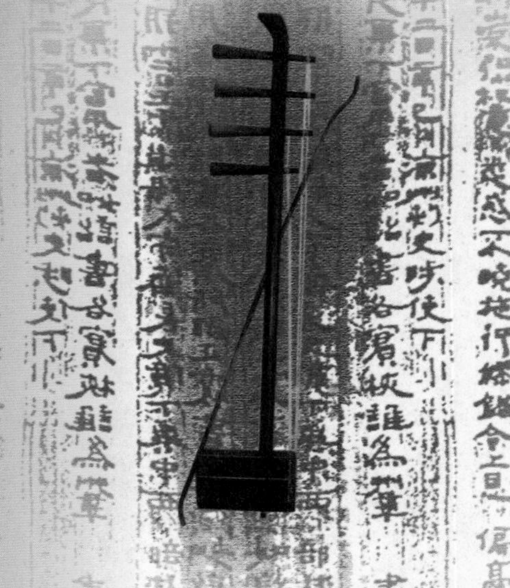

序

黑龙江流域三皮文化的传承保护与其艺术的生存发展

三皮文化是北方少数民族在长期的生活生产实践活动中使用鱼皮、兽皮、桦树皮创造出的与之相关的物质财富和精神财富的积淀。它以赫哲族鱼皮文化、鄂伦春族（包括赫哲、鄂伦春、鄂温克、达斡尔等民族）兽皮文化及这些民族的桦树皮文化为典型代表，是以渔猎经济为基础的地域性民族性特色鲜明的文化，是北方渔猎文化的核心内容。三皮文化遗存中包括了物质文化遗产和非物质文化遗产的丰富内容。当三皮文化淡出人们的实际生活后，携带着母体基因的三皮艺术融入了当代人的文化生活之中。传承保护传统的三皮文化，大力发展当代的三皮艺术，是打造黑龙江文化品牌的重要举措。

一、三皮文化悠远的渊源

三皮文化的历史极其久远。最早的文献记载，可以上溯到春秋战国时期。当时成书的《山海经•海外东经》记述："玄股之国，在其（黑齿）北；其为人衣鱼食鸥"。《山海经•海外西经》记述了鱼皮和树皮两种衣服，而且明确提到了黑龙江地区现代诸多少数民族的祖先——肃慎。兽皮衣服古来更是屡见不鲜。中华人文始祖的塑像都是腰缠兽皮。

三皮文化的地域范围历史上也曾极其广阔，从北纬40° ~70° ，横向则从欧亚大陆越过白令海峡到达北美，几乎跨越整个北半球，形成一个特色鲜明的"三皮文化带"。

随着社会的发展、自然资源的减少以及人们价值观念与审美观念的变化，三皮文化的地域和民族范围逐渐缩小。到近现代，集中在了我国黑龙江（包括东蒙）地区。赫哲、鄂伦春、鄂温克等渔猎民族系统地将三皮文化传承了下来。

二、三皮文化的传承历程与保护现状

1. 早期生存需求的自然传承

使用鱼皮、兽皮、桦树皮制作衣物，是人们在生活环境极其恶劣、生活资料极端匮乏、社会环境严重闭塞、科学技术与生产力水平非常低下的情况下一种维持生存的举措。在相当长的一个时期里，他们所创造的三皮制作技艺是他们普遍的生活技能。使用三皮，是他们生活的重要组成部分，所以早期的生存需求使三皮文化与三皮制作技艺自然的传承下来。

三皮制品在黑龙江地区的少数民族的生活生产中无所不包无所不在。从某种意义上说，黑龙江地区的渔猎民族就是生活在三皮之中：出生就在桦皮或兽（鱼）皮窝棚里，随即被兽皮围裹放在桦皮摇篮之中，摇篮旁有三种皮制护身符；稍大即睡兽皮褥，盖兽皮被，穿鱼、兽皮衣服靴鞋，戴桦皮帽、兽皮帽、兽皮手套、鱼皮袖带；炊餐用具是桦皮桶、盆、碗、盘子和杯；盛物器具是鱼、兽皮口袋，桦皮箱子、盒；外出渔猎划桦皮船，露宿用兽皮睡袋，用桦皮鹿（狍）哨吸引猎物；祭祖祈福祛病禳灾时，萨满服饰器具非鱼皮即兽皮；即使死后，婴幼儿用桦皮或兽皮裹起置于树上，成人土葬时则用他的桦皮船陪葬或用桦皮覆盖棺木。

正因为绝大部分制品都是维持衣食住行的生活必需品，鱼皮制作技艺、桦皮制作技艺和兽皮制作技艺应运而生，并在千百年中口传身授、薪火相传，不断完善并传承了下来。

在上世纪50年代前的一个相当长的历史时期，三种皮的制作技艺都是传承在家庭与社会之中。这些民族的少年，初谙世事就跟随父兄外出渔猎，猎到野兽或捕到鱼，当时就在围场或鱼滩上剥皮，耳提面命，除了渔猎技艺，自幼就练就一身剥皮技艺，据说好的猎手十分多钟就可剥下一张完整的狍皮。皮张的熟制和制成衣物一般都由女性完成，同样，小女孩自幼随母亲熟皮子、做针线，耳濡目染，及至成年，多成行家里手。同时，渔猎民族中有一个世代相传的认知：使用桦皮船就像捕鱼打猎一样，是必备的本领，能够驾驶桦皮船进行狩猎和捕鱼是重要的，能够掌握制作桦皮船的本领更为重要。少年时就在长辈的言传身教之下，学习从采剥桦皮直到组装成船的本领。制船能手只用一把刀就能完成桦皮船的制造。三皮技艺堪称北方民族的绝技。

2. 后期文化需要的客观传承

从上世纪上半叶开始，棉布等现代纺织面料、铁器、瓷器大量传入，社会制度和自然环境变迁，单一的渔猎经济开始向农耕多种经济转变，黑龙江地区的渔猎民族在生活习俗和审美取向上都发生了巨大变化，致使三皮制品及其技艺不再是生活的第一需要。三皮文化逐渐淡出人们的实际生活。

如果说这时还有三皮技艺的延续和传承，其主导因素是对传统文化的调查与民族文物的征集。建国以后，政府对民族工作和文博事业高度重视。一方面派出以专家学者为骨干的工作组深入各民族地区对生活、生产、文化进行大规模调查；另一方面大力兴建包括民族博物馆在内的各级各类博物馆。这期间对传统文化与民族文物的调查和征集，促使一些对三皮技艺已开始荒疏的民族老人和民间艺人重操旧业，整理和复制了一些三皮制品。这就使三皮技艺在客观需求的促动下传承了下来。当然，这种传承也有文化传播的特征，在传承过程中，既有部分传统的技艺丢失，也有当代文化的融入，使其产生文化的流变，留下时代的痕迹。

3. 研究记录性保护和博物馆的永久性保存

20世纪初叶开始，三皮文化及其传统的渔猎经济就受到文化、学术界的广泛关注。在我国，除了凌纯声在20年代对松花江下游的赫哲族三皮文化做过一次调查研究记录之外，1950年至1952年，中央人民政府先后派出西南、西北、中南、东北和内蒙古等四路中央民族访问团，从1956年起，由全国人民代表大会民族委员会领导（1958年后改由中国科学院民族研究所主持）全国少数民族社会历史调查，1961年、1962年，文化部文物局组织一批著名学者考察，并赴呼伦贝尔草原、黑河地区征集数千件文物，并在北京成功举办了“鄂伦春族狩猎文物展览”。同时，北京民族文化宫博物馆、黑龙江省博物馆也纷纷到民族地区征集了大批文物，及时地保护了许多三皮制品，现在一些博物馆里收藏的早期珍贵的三皮制品大多是当时征集的。

同时中国历史博物馆、南京博物院（台湾）、民族文化宫博物馆、黑龙江省博物馆、黑龙江省民族博物馆、中央民族大学博物馆等陆续征集保存了一批三皮制作技艺的代表作品及有关文物，使三皮文化的物质遗存在博物馆里永久性保存。

如凌纯声征集的一些文物收藏在南京博物院及台湾的博物馆，征集于上世纪50年代的兽皮萨满服饰、各种兽皮袍服、鞋靴，桦皮箱、桶、杯、碗、针线盒，鱼皮套裤、靰鞡、鱼皮火镰袋等，收藏在中国历史博物馆、黑龙江省博物馆、民族文化宫博物馆等。这一阶段最值得一提的是运用鱼皮图案版包绣工艺制作的赫哲传统猎装和传统熟制鱼皮的工具——木槌（空库）和木砧（亥日根）。七八十年代以后，黑龙江省相继建立了省级和民族区域的民族博物馆，如黑龙江省民族博物馆、黑河博物馆、爱辉陈列馆、同江市赫哲族博物馆、呼玛县鄂伦春族博物馆、逊克县鄂伦春民族博物馆、新生鄂伦春民族展览馆——“岭上人展览馆”、 漠河县鄂伦春民族博物馆等等，并着力征集了一些三皮制品。如收藏有两件套鱼皮衣裤、鱼皮套裤、鱼皮靰鞡、鱼皮绑腿等，狍皮男袍女袍、狍头帽、狍皮被褥、鹿皮靴、鹿皮套裤以及熟制鱼皮、兽皮的工具、制作鱼兽皮鞋或衣服的辅助工具——压角刀等。

这些三皮制品，作为三皮文化的物化形态，在博物馆里得到了长久地保存。作为只有语言没有本民族文字的黑龙江少数民族，这是极其珍贵的历史见证物。保存这些三皮制品是保护三皮文化、三皮制作技艺的基础。

4. 对技艺及传承人的抢救性保护

三皮技艺早期是赫哲、鄂伦春等渔猎民族普遍掌握的生活技能，随之远离人们的生活，成为文化遗产。但三皮技艺丢失及保存的程度并不是同步的。

20世纪初期，赫哲（那乃）族地区，鱼皮服饰等制品逐渐退出历史舞台。30~40年代穿鱼皮的区域已经很小了，还有少数人穿鱼皮衣服，到50年代初已没有人再穿鱼皮衣，但仍有穿鱼皮靰鞡的。60年代后鱼皮的实用价值完全消失。随之，赫哲（那乃）人世代相传的部分传统工艺随着一代代赫哲老人的逝去而逐渐消失。传统工艺已部分流变。赫哲（那乃）人相当发达的纹饰艺术已趋于简单化。熟好的鱼皮手感已再无古人所说“待鱼皮熟好，柔软如棉”的感觉。用自然色素、手工染制鱼皮的传统技艺已完全失传。

而兽皮直到20世纪50年代初鄂伦春人走出大山实现定居时还普遍穿用，复杂的兽皮技艺仍为鄂伦春人广泛掌握。当时女儿出嫁，母亲还要为女儿精心缝制漂亮的狍皮袍服做嫁衣。黑龙江省民族博物馆就收藏有一件当时的作品，堪称精品，后来制作的都没有这一件技艺精湛。上世纪六七十年代，鄂伦春人还经常穿兽皮狩猎，制作兽皮服饰还是老年妇女很熟练的手艺。80年代，鄂伦春人已由单一的狩猎经济发展为农林牧副多种经济并存，这期间兽皮服饰逐渐被取代，传统的兽皮技艺逐渐萎缩。只有少数中老年妇女能熟练掌握传统技艺。90年后，兽皮服饰和制品除进入博物馆以外，多在民族节日和大型民族活动中使用。也有少量的兽皮套裤、皮靴、皮手套、皮帽子及皮被褥在猎人进山狩猎时实用。鄂伦春妇女普遍掌握的，与狩猎经济相依附的兽皮技艺成为即将消逝的文化遗产。

总之，鱼皮技艺丢失的较早，在我国只保存下来一部分传统的技艺；兽皮技艺丢失的较晚，保存下来的传统技艺还比较完整；桦皮的技艺保存下来的也比较完整，只是有一部分传统技艺当代人已无人掌握。

目前，随着民族经济的发展、民族老人的离世，三皮技艺已经成为亟待抢救的、濒危的文化遗产。由于少量猎人使用，以及节日活动和博物馆的需要，个别手艺好的老人时常有机会演习这一古老的手工技艺，她们是最后的传承人。

21世纪初，国家开展了非物质文化遗产保护工程，“赫哲族鱼皮制作技艺”、“桦树皮制作技艺”、“ 鄂伦春族狍皮制作技艺”、“ 鄂伦春族桦皮船制作技艺”陆续被列入国家非物质文化遗产保护名录，鱼皮制作技艺传承人尤文凤，桦树皮制作技艺传承人付占祥，鄂伦春族狍皮制作技艺传承人孟兰杰分别被评为国家级“民间手工技艺传承人”，赫哲人尤伟玲、鄂伦春人葛长云、关金芳、孟淑卿、关扣尼、满族人陶丹被确认为省级代表性传承人。三皮技艺在政府的统筹下，逐渐开展了有序的保护。

三、三皮文化在当代人文化生活中的影响与作用

三皮制品的各种纹饰蕴涵着极其丰富的艺术元素和艺术灵性，为现代的民间艺术奠定了坚实基础。经历了漫长的历史发展过程，三皮装饰的载体——服饰、器物随之演变、转移，而装饰艺术的本体凸现出来。它不再需要一个载体作媒介，而直接作为艺术品走入当代人的生活。于是，有着深厚文化根基的三皮技艺得到了传承、发展与创新，走进了艺术殿堂。

1. 成为地域性、民族性特色鲜明的民间艺术走出省区、跨出国门

鱼皮工艺美术品——以赫哲人为主的一批民间艺人继承了传统鱼皮纹饰在衣物上形成的4种工艺，大胆尝试，形成一种独特的手工艺品。鱼皮“贴花”转嫁了媒体，从衣服上跃然而出，成为鱼皮剪贴画。阳刻鱼皮图案版衍生成鱼皮镂刻画。鱼皮镂刻和鱼皮剪贴画在新的历史环境中，被赋予了新的文化内涵，以崭新的姿态存在于赫哲人的文化生活之中并向世人宣示着独具特色的艺术魅力。

桦皮工艺美术品——以赫哲、鄂伦春人为主的一批民间艺人继承了传统桦皮制作技艺，创作了各种类型的桦皮工艺美术品。赫哲族民间艺人傅占祥、满族年轻的艺人陶丹的桦树皮剪贴画已成为比较普及的桦皮画品种；鄂伦春族民间文艺工作者莫拉呼尔•鸿苇发明创作的桦树皮镶嵌画类型；鄂伦春族民间艺人刘恒甫更加升华了桦皮画的艺术品类。他们利用桦树皮天然的纹理和色泽，

把民间传统工艺和现代抽象艺术巧妙地结合起来，栩栩如生地表现了鄂伦春族的民间故事和历史传说，从而使古朴的民间桦树皮文化走进了高雅的艺术殿堂。

兽皮工艺美术品——以鄂伦春人为主的一批民间艺人继承了传统兽皮制作技艺及纹饰工艺，制作了各种样式新颖、纹饰漂亮、装饰美观的兽皮背包、荷包、皮口袋及皮手套、皮帽等民间手工艺品，成为旅游纪念品。

三皮工艺美术品除每年在省内哈博会、哈洽会、民间工艺美术展销会参加展销外，经常到北京、广州、深圳、香港等地区和加拿大、韩国、日本、澳大利亚等国做展览交流。今年还参加了世博会，引起了国际国内的广泛关注。

2. 成为各民族地区的文化产业和旅游文化的亮点

现在还有一些有识之士致力于把传统的三皮文化发展为民族文化产业。黑龙江省委宣传部、省文化厅、省文联等领导都对这一文化现象给予积极支持与扶植。在民族地区，一个又一个以三皮文化开发利用的公司悄然诞生：有经营鱼皮熟制、染色的公司马华；有制作传统服饰的公司；有经营剪贴、镂刻艺术的公司，如姜涛在佳木斯创办的“华夏赫哲鱼皮传播有限公司”，还有侧重旅游纪念品的公司。街津口、同江、抚远、佳木斯、哈尔滨……同江三江口和街津口民俗村都设有专门经营鱼皮桦皮工艺美术品的柜台，黑河、大兴安岭地区有专门经营桦皮工艺品的门市，街津口还设立鱼皮文化中心，组建了鱼皮制作合作社。

三皮文化在各旅游区里展销、展演。如身穿鱼皮服的赫哲族演出队，每年夏季在街津口民俗村演出；呼玛县白银纳乡民间艺术团，穿戴鄂伦春人各个历史时期的狍（兽）服饰，载歌载舞地再现鄂伦春族文化的魅力。

四、保护三皮文化的根脉，发展三皮艺术品牌

在三皮制品的生活实用价值消亡以后，从三皮纹饰脱胎而出的鱼皮镂刻、鱼皮和桦皮剪贴画和三皮制工艺品，无疑为传统三皮制作技艺拓展了新的生存和发展空间。但是，当代传统的民间艺术如何生存与持续地发展下去，这是一个重要的课题，也是一个难题。

1. 保护好三皮文化的物质与非物质载体

征集工作没有及时跟上，致使我国现在各博物馆传统鱼皮制品的收藏量极少，19世纪及其以前的鱼皮袍服基本缺失。国内各博物馆较早的藏品也是上世纪50年代征集的，大多是较现代的两件套鱼皮服装。凌纯声上世纪30年代征集

的女式鱼皮长袍等极其珍贵的鱼皮制作技艺代表作品至今不知所终。

已收藏的三皮文化的藏品是极其珍贵的文化遗存，应该科学保护。但目前博物馆的保护水准不高，缺乏科学的养护。特别是基层馆，很多尚无库房，也缺乏专业人员，无法进行有效的保护。这些制品在自然销蚀之中。

非物质文化遗产已经受到重视，但如何保护好技艺的活态传承是个系统工程，需要长期持久有效的措施和坚持。目前，一些地区的保护仍然是虚的，甚至专款不能得到有效利用，重申报不重保护。有的传承人不能充分发挥传承作用。

三皮文化能够传承下来是源于它深厚的民族文化积淀，这是民族的瑰宝，是珍贵的文化遗产。它能够保存下来极其不易，是几代人为之努力奋斗的结果。三皮文化的物质与非物质遗存是三皮文化的根脉，只有保护好文化的根基，三皮艺术的枝叶才能茂盛。

2. 促进三皮艺术的生存与发展

在三皮制品的生活实用价值消亡以后，三皮美术工艺品无疑为传统三皮制作技艺拓展了新的生存和发展空间。目前三皮的旅游与产业是自为的阶段，散点式存在，甚至有的产业处于极度艰难的境遇，有的作品苦于没有销路。我们要进一步加强扶持力度，促进其产业化，并逐渐扩大规模。

对于民族和地区，保护发展三皮文化都是极具现实意义的。对于民族，那段历史是刻骨铭心的，那神奇文化的创造是惊心动魄的，那世代传承的民族艺术是难以忘怀、难以割舍甚至是梦牵魂绕的。对于地区，那是土生土长的文化，这文化让世界认识了这块神奇的土地及其土地上勇敢的民族。三皮文化是我国北方少数民族的特色文化，是北半球人类文化的典型代表，是人类的共同遗产，其保护、传承与发展具有广泛的国际影响。

生存是三皮文化的根基。无论是传统的三皮手工技艺，还是当代的各种三皮艺术，或是新潮的三皮服饰与物品的应用，它们都曾生长在三皮文化的母体之中。以赫哲、鄂伦春等民族为代表的三皮文化开拓者的先人们，为了生存，曾从黑龙江流域沿北半球的山川河流拉起了一条金色的三皮文化的彩带。21世纪的今天，散发着现代气息的三皮艺术，又从黑龙江流域走出，跨出国门，走向世界，如同她曾经环绕地球一周的历史那样再次冲向全球。然而，无论在地球的哪一个角落绽放异彩，她都将遵循一条大自然亘古不变的规律——携带着母体的基因。

她的根在黑龙江，她的花果必将永远散发着黑土地的芳香。

第一章 最后脱下人类“童装”的民族

一、兽皮文化传承史

人类从与动物泾渭分明之时起，就开始了自身的童年时代。也就是与此同时，大地母亲为了幼弱的人类免遭风刀雪剑侵袭之苦，送给人们一件特殊的见面礼品——草裙和兽皮衣。从这种意义而言，兽皮是人类统一的“襁褓”，人类自从与动物截然分离之际，就开始了绵亘几十万年的以兽皮衣为肇始和代表的兽皮文化。对于这一点，古今中外大量的文献资料和考古发掘都有明确的记录和有力的证明。

现代学者沈从文先生在《中国古代服饰研究》中论述：“在劳动工具中，除少数石器外，和服饰关系密切的遗物发现了磨制的骨针与一百四十一件装饰品……骨针的发现证实山顶洞人在距今大约两万年前后，便已经能够用兽皮一类的材料缝制衣服了[①]。”我国古文献中也多有记述，如汉代《白虎通义》中说：“谓之伏羲者何。古之时未有三纲、六纪……饥即求食，饱即弃余，茹毛饮血而衣皮苇。于是伏羲仰观象于天，俯察法于地……始定人道……治下伏而化之，故谓之伏羲也[②]。”河南淮阳伏羲陵统天殿内供奉的中华人文始祖伏羲塑像，头生双角，肩披树叶，腰缠兽皮，手托八卦，赤脚坦腹。有宋理宗赵昀题跋的一幅伏羲像则明确地画着身披鹿皮。

《礼记》中通过春秋时孔子的话说：“昔者先王未有宫室，冬则居营窟；未有火化，食草木之实、鸟兽之肉，饮其血，茹其毛；未有麻丝，衣其羽皮。后圣有作，然后……治其麻丝，以为布帛，以养生送

① 沈从文《中国古代服饰研究》，上海书店出版社，1997.3版。
② [汉] 班固：《白虎通义》，商务印书馆，1937.12版。

死[①]”。战国时的《韩非子》中说：“古者……妇人不织，禽兽之皮足衣也[②]。”东汉时期也有学者阐述：“古者畋渔而食，因衣其皮……后王易之以布帛[③]。”这里几部书中提到的圣和王，大概指的是传说中教给中原民众穿戴纺织品服装的黄帝。据传说，黄帝铸鼎，采铜于荆山。时值初夏，黄帝身上穿着兽皮衣裳，渐觉闷热。从人建言，可效仿炎帝改披树叶，黄帝不许。遂登山觅凉，在山上见到嫘祖与西陵诸女皆身着绢帛，养蚕缫丝。试为黄帝衣，凉爽舒适。黄帝惊且喜，又悦嫘祖之貌美，于是求为正妃，教民桑蚕。从此中原人的服装才由兽皮改为纺织品。河北省涿鹿县境内的中华三祖堂内供奉着黄帝、炎帝和蚩尤三位中华人文先祖，其中蚩尤右手叉腰，左手握拳，身着兽皮，双目圆睁。

中外考古发现与上述记载恰恰相互印证，反映的都是人类原始社会和文明初期衣用兽皮的史实。

法国古人类学家德鲁雷（H•Delumley），在法国的地中海南岸阿马塔（Terra Amata）遗址发现40万年前古代人的临时住所。遗物中有一把骨锥，推断是用来缝兽皮的。这大约是迄今发现的人类使用兽皮的最早遗迹。

2005年12月，我国考古工作者在河南省许昌县境内一个名叫灵井的地方，发现一具后被考古学家命名为“许昌人”的头盖骨，出土层位时代被推断为距今8~10万年间。发现人李占扬研究员认为，发现地实际上是生活在旧石器时代晚期的“许昌人”肢解狩猎到的动物、加工石器、骨器等狩猎工具以及制作兽皮的工作营地。

1972年，在河北省武安市磁山村东南1km发现的“磁山文化”遗址，屋内挖掘显示曾建有灶址、防渗沟壕，地面铺着谷草、兽皮，并放置着生活用品。经中国社会科学院考古研究所C14测定，它的年代距今已7 355年~10 000年。这是我国考古中直接出土兽皮遗迹的最早记录。

古埃及存在于公元前4 500~4 000年的塔萨巴达里文化，从居住地和出土的遗物来看，巴达里人身着兽皮或亚麻制的衣物，有时是短裙，还有

---

① [汉] 戴圣：《礼记·礼运第九》，[宋] 陈澔 注，上海古籍出版社，1987版。
② [战国] 韩非:《韩非子·卷第十九·五蠹第四十九》，辽宁教育出版社，1997版。
③ [唐] 孔颖达 疏：《春秋左传注疏·卷四》，中华书局，1900版。

大的衬衣或长袍。这些衣着样式长期保留下来，直至法老时代几乎没有大的改变。

“与草裙几乎同时交错发展的兽皮披又出现在广阔的地平线上……兽皮披是狩猎经济的产物……最早的兽皮披是什么样子?在考古工作中也难以见到它的实物遗存。因为这至迟是1万年前旧石器时代的事。我们如想寻觅远古兽皮披的原型，可以从两方面进行：一是新石器文化遗存，如第一章中所述法国岩洞中所绘出的原始人舞蹈时披兽皮（上有角下有尾）的形象；再一个是‘活化石’。在未接触欧洲文明前，印第安人中的易洛魁人，即使在夏天，不论男女也都用一块长方形的兽皮围在腰下；冬天则把熊皮、海狸皮、水獭皮、狐皮和灰鼠皮等披在身上，用以御寒。在人类文明发展不平衡的偏僻、落后的一隅，一些民族或部落披兽皮以护身的现象，是存在至今的。考古已经证实，骨针是旧石器时代的产物。最晚在旧石器时代晚期，人类已经开始懂得缝制衣服。正如伯恩斯与拉尔夫在《世界文明史》中所言，原始人‘发明了针，他们不会织布，但缝在一起的兽皮就是一种很好的代用品’……在骨针发明以前，人类有可能已经开始穿着兽皮，只是它还仅限于披挂或绑扎，仅限于兽皮的简单裁割[①]。”

“在法国尼斯附近的沙滨岩棚上，考古学家们发现了一个被称作‘太拉·阿姆塔’的洞窟。这里残留着40万年前人类曾居住过的痕迹……兽皮已被像一件不成型的斗篷似地裹在了身上。前述俄罗斯莫斯科东北约209公里处发现的旧石器时代遗址里，两位少年就……穿着类似皮裤和皮上衣式的兽皮披，同时有做得很精巧的骨针……另外，在俄罗斯贝加尔湖西侧出土的约10厘米的骨制着衣女像，从头到脚皆为衣物所包裹，其刻法就很像是在表现皮毛。约2万年前的岩洞壁画上人物服饰形象，也明确地描绘出兽皮披的感觉……另外，北美中部……大草原上的印第安人擅长用野牛皮制做衣服、靴、鞋和器具[②]。”

上述记载不但表明了兽皮衣年代的久远——40多万年，而且兽皮衣应用的地域和民族之广泛——从东亚的中国到横跨亚非的古埃及，再到欧洲

①华梅、要彬：《西方服装史》，中国纺织出版社，2003版，第23~24页。
②华梅:《人类服饰文化学》，天津人民出版社，1995.12版，第18页。

的法国，直至东亚北美的爱斯基摩人——整个人类世界上几乎任意一个民族的幼年时期无不是在兽皮的围裹中度过的，概莫能外。

随着时代的前进，古时中外除了将兽皮用作（或制作）衣着以外，在生产生活中的其他应用也日益广泛。

其中最常见的是居所。美洲印第安人的一支巴塔哥尼亚人，男女均穿兽皮制成的斗篷，住用兽皮制作的名为“托尔多”的帐篷。

其次是兽皮船。爱斯基摩人和楚科奇人主要交通工具是狗拉雪橇和兽皮船。历史上最早的兽皮船只是一个用兽皮缝制的气囊而已。生活在北极的爱斯基摩人，直到现在还在使用兽皮船作为水上交通工具。兽皮是蒙在木制骨架上的，靠桨划水前进。我国的皮筏历史悠久，《旧唐书》载：“东女国，西羌之别种……有大小八十余城。其王所居名康延川，中有弱水南流，用牛皮为船以渡[①]。”《宋史》载：太平兴国六年（981年）冀州刺史王延德出使高昌，在今宁夏黄河边看到当地民族“以羊皮为囊，吹气实之，浮于水[②]”。直到20世纪40–50年代，甘、陕、晋黄河水道上还在大量使用羊皮筏子——“浑脱”（囫囵脱）下整只羊的皮，缝合头、蹄部位的口而成皮口袋；在木排下排列绑上十几只而成。据说最大的皮筏用600多个羊皮袋扎成，长12米，宽7米，6把桨，载重量在20~30吨之间。

据说最原始的伞就是用兽皮做的。传说春秋时期鲁班的妻子云氏为使丈夫在野外免遭雨淋，就想了一个办法，把竹子劈成细条，一根根地插在木棍一端，蒙上兽皮，像亭子一样，可以用来避雨。后经鲁班改造，就成了可以收拢携带、张开如盖的伞了。

1947年，一名贝多因牧童在巴勒斯坦死海西北端的昆兰地区洞窟的大瓮中，发现了一批写在羊皮（代纸）上的经书，后来共获得古卷六百余卷及成千上万的文物残片，以放射性同位素确认其年代为公元前167–233年之间。之所以称为卷，是因大多是书写在兽皮上。

历史文献记载表明：在亚洲、欧洲相继进入农耕文明之后，兽皮文化的地域范围逐渐缩小到了西自叶尼塞河、东到库页岛、北起外兴安

①[后晋] 刘昫等：《旧唐书·列传一百四十七·东女国》，吉林人民出版社，1995版。
② [元] 脱脱 阿鲁图：《宋史·外国六·高昌》，中华书局，1977.11版。

岭，南至蒙古高原和黑龙江流域的东北亚地区；民族范围也大体限于满—通古斯语族诸人口较少民族和蒙古族等。其中，中国的西部有：《礼记》记载：“中国戎夷，五方之民，皆有性也，不可推移……西方曰戎被发衣皮，有不粒食者矣①。”《汉书》记载：“匈奴……自君王以下咸食畜肉，衣其皮革，被旃裘②。”《北史》记载：“突厥……其俗：被发左衽，穹庐氈帐，随逐水草迁徙，以畜牧射猎为事，食肉饮酪，身衣裘褐③。”东部则有：《后汉书》记载：“挹娄，古肃慎之国也。在夫馀东北千余里，东滨大海，南与北沃沮接，不知其北所极。土地多山险。人形似夫余，而言语各异。有五谷、麻布，出赤玉、好貂……处于山林之间，土气极寒，常为穴居……好养豕，食其肉，衣其皮④。”《山海经图赞》记载：“今肃慎国去辽东三千余里，穴居，无衣，衣猪皮，冬以膏涂体，厚数分，用御风寒⑤。”《魏书》记载：“勿吉……男子猪犬皮裘……失韦国……夏则城居，冬逐水草，亦多（按：《北史》为‘多略’）貂皮……用角弓，其箭尤长……男女悉衣白鹿皮襦袴⑥。”《晋书》也说：“肃慎氏……多畜猪，食其肉衣其皮⑦。”到隋唐，“北室韦……饶麞鹿，射猎为务，食肉衣皮……又北行千里，至钵室韦，依胡布山而住，人众多北室韦，不知为几部落。用桦皮盖屋，其余同北室韦⑧。”《旧唐书》记载：“室韦者……东至黑水靺鞨，西至突厥，南接契丹，北至于海……兵器有角弓楛矢，尤善射，时聚弋猎，事毕而散……或为小室，以皮覆上，相聚而居，至数十百家……畜宜犬豕，豢养而啖之，其皮用以为韦，男子女人通以为服……靺鞨……其畜宜猪，富人至数百口。食其肉而衣其皮⑨。”《新唐书》记载：“室韦……每弋猎即相啸聚，事毕去……器有角弓、楛矢，人尤善射……度水则束薪为桴，或以皮为舟……所居或皮蒙室，或屈木以蘧蒢覆，徙则载而行。其畜无羊少马，有牛不用，有巨豕食之，韦其皮为服若席⑩。”宋时“（女真人）贫者……秋冬衣牛、马、猪、

①[汉] 戴圣：《礼记·王制第五》，蓝天出版社，2008版。
②[汉] 班固：《汉书·卷九十四·匈奴传第六十四》，中州古籍出版社1991版。
③[唐] 李延寿：《北史·卷九十九·列传第八十七·突厥铁勒》，中华书局，1974.10版。
④[宋] 范晔：《后汉书·卷八十五·东夷列传第七十五》，中华书局，1965.5 版。
⑤[晋] 郭璞：《山海经图赞》，古典文学出版社，1958版。
⑥[北齐] 魏收：《魏书·卷一百·列传八十八·勿吉》、《魏书·卷一百·列传八十八·失韦》，中华书局，1974.6版。[唐] 李延寿：《北史·卷九十四·列传八十二·室韦》，中华书局，1974.10版。
⑦[唐] 房玄龄：《晋书·卷九十七·列传第六十七·肃慎氏》，中华书局，1974.11版，第5页。
⑧[唐] 魏征等撰：《隋书·卷八十四·列传第四十九·契丹室韦》，中华书局，1973.8版。
⑨[后晋] 刘昫：《旧唐书·卷二百一十二·列传第一百四十九下·室韦》、《旧唐书·卷一百九十九·列传一百四十九·靺鞨》，吉林人民出版社，1995版。
⑩[宋] 欧阳修 宋祁：《新唐书·卷二百三十五·列传第一百四十四·北狄》，中华书局，1975版。

羊、猫、犬、鱼、蛇之皮”[1]。及至明时“乞列迷……居草舍，捕鱼为食，不栉沐，着直筒衣，署用鱼皮，寒用狗皮[2]。”

这些古史记载表明，南北朝以后，使用兽皮的地域和民族逐渐集中于黑龙江流域鄂伦春、赫哲等民族的直系远祖。

到了清代，就更明显地集中到了近现代黑龙江流域的鄂伦春、赫哲等民族。乾隆二十二年（1757年）绘制完成的《皇清职贡图》记述：“宁古塔之东北海岛一带……人有数种，额伦绰其一也……以养角鹿捕鱼为生，所居以鱼皮为帐……岁进貂皮……奇楞在宁古塔东北二千余里亨滚河等处……以捕鱼打牲为业，男女衣服皆鹿皮、鱼皮为之……岁进貂皮……恰喀拉……男以鹿皮为冠……岁进貂皮……七姓……以渔猎为生……衣帽多以貂为之……岁进貂皮。”“赫哲……男以桦皮为帽，冬则貂帽狐裘，……岁进貂皮[3]。”清朝中叶的记载则有：“索伦、达呼尔以狍头为帽，……又反披狍服，黄毳蒙茸……冬衣名哈尔玛儿者，狍鹿等皮之毛落而鞟存者也。服之作苦，最耐磨涅[4]。”晚清的曹廷杰也记载：“自宁古塔东北行千五百里……又东北行四五百里，居乌苏里江、混同江、黑龙江三江汇流左右者，曰额登喀喇，其人……衣鱼兽皮[5]。”

及至清末民初，“鄂伦春，索伦之别部也。元时称为林木中百姓，清初谓为树中人，又呼为使鹿部，俗呼之为麒麟……居无室庐，散处深山，迁徙靡定，以打牲为业，衣皮食肉，有步及野兽之能，骑马使抢习成特技（程廷恒《呼伦贝尔志略》）。……鄂伦春人为兴安岭土著之民，世居山中。……有步及猛兽之勇，专以打牲为业，骑马使抢成为特技，食肉衣皮，……鄂鲁春人骑乘用北鹿，……以穿棉布长衣或兽毛半身短裘、长靴、革裤为美服，又有以鹿皮缠足胫者。……通常用圆筒帐幕柱梁包以桦皮，屋上包以鹿皮（白眉初《满洲三省志》）[6]。”

也就是说，到了近现代，随着野生和珍惜毛皮兽资源的锐减，地域与民族范围进一步缩小，兽皮文化及制作技艺仅有鄂伦春、鄂温克、赫哲等民族较好地传承下来，特别是狍皮制作技艺成为他们普遍的生活技能。直

①[宋] 徐梦莘：《三朝北盟会编·政宣上帙三》，上海古籍出版社，1987.10版，第23页。
②[明] 毕恭：《辽东志·卷九 外志》，辽海书社，第5页。
③[清] 傅恒：《皇清职贡图》，卷三 辽沈书社，1991.10版。
④[清] 西清：《黑龙江外记》，卷六 中华书局，1985 版。
⑤[清] 曹廷杰：《西伯利东偏纪要》，载于《曹廷杰集》上册，中华书局，1985 版，第121页。
⑥郭克兴：《黑龙江乡土录》第一篇，第四章，成文出版社，1974版。

到20世纪50、60年代，他们的兽皮衣着、被褥及包袋等物品才完全被纺织品所取代。从这种意义来说，这些民族是最后脱下人类“童装”的人们。

二、最后脱下人类“童装”民族中代表成员的概况

鄂伦春族是中国北方的游猎民族，代表了人类多元文化中的一种类型，其居住地大、小兴安岭属于亚北极地区。

鄂伦春族是我国东北古老民族的后裔，源于北朝的钵室韦人，具有悠久的历史。清初被称为“索伦部”、“打牲部”或“使鹿部”。“鄂伦春”这一名称于清初始见文献记载。《清太宗实录》的一份奏报中首次提到“俄尔吞”；康熙二十二年（1683）九月上谕中称之为“俄罗春”。此

皇清职贡图上的鄂伦春人

后才出现比较统一的鄂伦春族称，其意为“使用驯鹿的人”或“山岭上的人”。新中国成立后，定名为鄂伦春族。

早期，鄂伦春人游猎于包括外兴安岭以南、乌苏里江以东、西起石勒喀河,东到库页岛的广阔地域。鄂伦春族没有本民族文字，有自己的语言，属阿尔泰语系满–通古斯语族的通古斯语支。信奉萨满教。

17世纪中叶，沙俄殖民者侵入中国黑龙江流域，迫使一部分鄂伦春人南迁至黑龙江南岸大小兴安岭山林之中。17世纪40年代以后，分别在以下5个地区活动：迁到呼玛河及其附近地区的鄂伦春人自称库玛尔千；迁到逊河、沾河、乌云河和嘉荫河及其附近的鄂伦春人自称毕拉尔千；迁到阿里河及其附近的鄂伦春人自称阿里千；迁到多布库尔河及其附近地区的鄂伦春人自称多布库尔千；迁到托河及其附近地区的鄂伦春人自称托河千。清朝政府根据他们活动的地区，将他们划分为5路，即库玛尔路、毕拉尔路、阿里路、多布库尔路、托河路。后来阿里路和多布库路合并成一路，叫阿里多布库尔路。

留居俄罗斯境内的鄂伦春人仍与鄂温克族算作一个民族，统称埃文基人（ЭВЕНКИ），约2.8万人（1979年）。过去曾被泛称为“通古斯”。居住在黑龙江出海口一带的，也曾因地名而得族名“满珲”。

居住在我国境内的鄂伦春族，直到新中国成立前尚处于原始社会末期的氏族公社发展阶段，过着典型的以狩猎为主，辅以采集和捕鱼的生活。居住在用桦树皮或狍皮围裹的圆锥形木杆屋“斜仁柱”里，以“乌力楞”血缘家庭组成“穆昆”氏族；他们穿戴狍皮衣，使用桦树皮制成的餐具和器皿。1949年中华人民共和国成立时，仍居住在大小兴安岭的密林中过着游猎生活，以捕鱼采集作补充。直到1953年走出大山实现定居。1958年至1988年，鄂伦春人由单一的狩猎经济发展为农林牧副养殖多种经济并存。

根据2000年全国人口普查统计，鄂伦春族人口数为8 196。主要分布在内蒙古自治区东北部的呼伦贝尔盟鄂伦春自治旗、布特哈旗、扎兰屯市、莫力达瓦达斡尔族自治旗、阿荣旗，以及黑龙江省爱辉、塔河、呼

新生鄂伦春民族乡

玛、逊克、嘉荫等县。

到20世纪上半叶，鄂伦春人主要活动范围是在大小兴安岭的东南坡，这里地势平缓，且已是“次生林”带，是狍子大量生存繁衍的绝佳境地。20世纪50年代著名历史学家翦伯赞实地考察后曾即兴赋诗大加赞美，其一云：“无边林海莽苍苍，拔地松桦亿万章。久已羲皇成邃古，天留草昧纪洪荒。”另一首为《鄂伦春抒怀》：“东游无处不消魂，达赉湖光岭顶云。阿里河边花似锦，呼伦贝尔草如茵。”天然的优良“生态环境”，使他们从祖先那里世代承继下来的狩猎特技得以充分展示。他们除了间或猎取一些犴、鹿、獐、熊、野猪等野生动物之外，最多的猎物是狍子。正如歌词中唱的一样：“高高的兴安岭一片大森林，森林里住着勇敢的鄂伦春。一呀一匹猎马一呀一杆枪，獐狍野鹿漫山遍野打也打不尽。”这就成

十八站鄂伦春民族乡

白银纳鄂伦春民族乡

就了鄂伦春人的衣食之源——狍子个体适中，肉质鲜嫩可口；皮毛柔软，保暖性好；狍皮易于加工，既可以做冬季穿用的棉服被褥，也可以做夏秋季穿用的单衣。

赫哲，原本是我国境内一个统一的民族，世居松花江、乌苏里江、黑龙江沿岸及东海（今鄂霍次克海）、鞑靼海峡沿岸广袤地区。“赫哲”作为族称最早见于官方文献是《清圣祖实录》：“康熙二年癸卯……三月、壬辰（公历1663年5月1日）命四姓库里哈等进贡貂皮，照赫哲等国例，在宁古塔收纳[①]。”由于沙俄的东侵，使其成为了今天的跨国民族。

现居住在我国境内的赫哲族，有人口4 600余人（全国第5次人口普查统计）。主要居住在黑龙江省同江市的街津口赫哲族乡和八岔赫哲族乡、绕河县的四排赫哲族乡、抚远县的抓吉赫哲族村、佳木斯市的敖其赫哲族村。历史上的赫哲族，由于居住地区不同，民族内部有着不同的自称。

乌苏里江与黑龙江汇合处的抓吉赫哲民族村

①《清实录·圣祖实录·卷八》，中华书局，1985版，第142页。

乌苏里江边的四排赫哲族乡

“居住在富锦县大屯以上松花江沿岸者自称‘那贝’；居于富锦县嘎尔当至街津口村者自称‘那乃’；居于同江县街津口村以下至乌苏里江沿岸者自称‘那尼傲’[①]。”

历史上“俄国人称赫哲（那乃）族为‘高尔谍’、‘戈尔德’、‘乌德哥’和‘阿枪’及‘阿其泱’人，或称之为‘那笃奇斯人’与‘纳特基’人[②]。”十月革命后，苏联在确定少数民族名称时定名为“那乃”

同江市八岔赫哲族乡

①《赫哲族简史》编写组《赫哲族简史》，黑龙江人民出版社，1984版，第6页。
②《赫哲族简史》编写组《赫哲族简史》，黑龙江人民出版社，1984版，第9~10页。

族。苏联1979年统计，那乃族人口10 500人，主要分布在哈巴罗夫斯克边区的那乃族区和滨海边区。

“赫哲”作为统一、科学、规范的族称，始于凌纯声先生。他说：“Goldi虽已采用科学上的名称，然远不如‘赫哲’的意义来得正确，可以代表黑龙江、松花江及乌苏里江所有的赫哲族，并且他们都以此自称……我们为统一起见，即以此为根据：所有黑哲、黑津、黑真、黑金、黑斤、额登等的不同的写法，一概不用①。”《松花江下游的赫哲族》一书在民国二十三年（1934）出版之后，“赫哲”这一族称被学术界广泛应用并流传开来。1954-1964年我国第二次人口普查时新确定了15个少数民族名称，正式定名“赫哲族”。

赫哲族民间故事《太阳和月亮的后代》中讲述：“早时候，没有人。太阳神和月亮神捏泥人。二十个泥人捏好后……女人在月亮的教导下学会

伯利（哈巴）以下黑龙江岸边第一个那乃村镇马亚科

了使用针线，制作鱼皮衣和狍皮衣②。”

《赫哲族社会历史调查》称：“秦得利村溯江以上地区的赫哲人主要以狍、鹿皮原料做衣服，所以旧社会统治阶级称这个地区的赫哲人为‘狍皮鞑子’或‘鹿皮鞑子’。八岔村沿江以下地区的赫哲人衣鱼皮原料做衣服较多，又称其为‘鱼皮鞑子’③。”

①凌纯声：《松花江下游的赫哲族》，国立中央研究院历史语言研究所，1934版，第51页。
②黄任远：《赫哲风情》，中国商业出版社，1992.10版，第94页。
③《民族问题五种丛书》，黑龙江省编辑组《赫哲族社会历史调查》，黑龙江朝鲜民族出版社，1987.3版，第88页。

黑龙江（阿穆尔河）岸边的那乃族鞑靼村

世代游猎，“食肉衣皮”的习俗创造了极富特色的以狍皮制作为主体的兽皮技艺，并且代代相传。直到20世纪50、60年代经济转型之前，仍为鄂伦春人、鄂温克人和赫哲人等广泛掌握。此后，兽皮服饰逐渐被取代，传统的兽皮文化和兽皮技艺逐渐萎缩。90年代以后，随着现代化经济的发展，兽皮服饰和制品除进入博物馆以外，多在民族节日和大型民族活动中使用。也还有少量的兽皮套裤、皮靴、皮帽及皮被皮褥在鄂伦春人上山狩猎时使用。各种装饰美观的兽皮背包、荷包等作为民间手工艺品，成为旅游纪念品。

黑龙江（阿穆尔河）岸边的那乃族札理村

第二章 日常生活须臾不离

兽皮制品是黑龙江流域鄂伦春、赫哲等民族与大自然和谐相处、充分利用自然资源的结果，是他们智慧的结晶。在数以百计的品种中，尤以生活用品最为普遍而多样，堪称须臾不曾离开。按大类可分为兽皮服装、兽皮围帐、兽皮卧具和兽皮盛器。

一、兽皮服装

穿用兽皮服装是黑龙江流域各少数民族的共同特征，或换言之，黑龙江流域各少数民族都有穿用兽皮的历史。

民族学家凌纯声先生说："赫哲人的衣服，夏用鱼皮，冬用兽皮制成[①]。"秋浦先生说："鄂伦春人衣服原料的来源，也完全取之于野兽，而且主要是狍皮、犴皮和鹿皮[②]。"1959年撰写的对鄂伦春情况的调查报告中说："输入进来棉布和棉花后，并没有代替了皮衣和皮裤，因为皮衣皮裤不但经磨，而且耐寒，棉衣棉裤就缺少这两个特点。现在因皮张少了棉衣棉裤才代替了皮衣皮裤，即使是现在冬天出猎的人也还是穿皮衣皮裤[③]。""达斡尔族在清代和清代以前，基本穿皮衣[④]"。

1. 狍皮长袍

鄂伦春语把所有兽皮长袍（大衣）通称"苏恩"，何种面料制成再在其前加上所用兽皮的名称。春秋（夏）男人所穿皮袍鄂伦春语称"古拉米"，鄂温克语叫"苏翁"，赫哲语称"克啊什克衣"或"卡日其卡"。皮袍俗称"皮大哈"，狍皮袍的俗称就是"狍皮大哈"。

---

①凌纯声：《松花江下游的赫哲族》，国立中央研究院历史语言研究所，1934版，第 71页。

②秋浦：《鄂伦春社会的发展》，上海人民出版社，1978版，第99页。

③内蒙古少数民族社会历史调查组《逊克县鄂伦春族乡情况》，内蒙古少数民族社会历史调查组，1959版，第52页。

④巴图宝音：《〈民俗文库〉之十二 达斡尔族风俗志》，中央民族学院出版社，1991.8版，第5页。

赫哲人的狍皮袍身长过膝，有对襟和偏襟两种。鄂伦春人的狍皮长袍分为男式女式，男式的称“尼罗苏恩”，女式的称“阿西苏恩”。一律是右衽大襟，为了骑马方便，两者均有左右开衩。区别在于男式的还有前后开叉，而女式的没有。女皮袍均为长袍，而男皮袍又分长和稍短两种。长袍没过脚面，是冬季出猎途中所穿。稍短袍只到膝盖以下，是到猎场后追捕猎物时穿的。

皮袍一年四季皆可穿用。因猎获季节的不同，狍皮的毛疏密长短亦

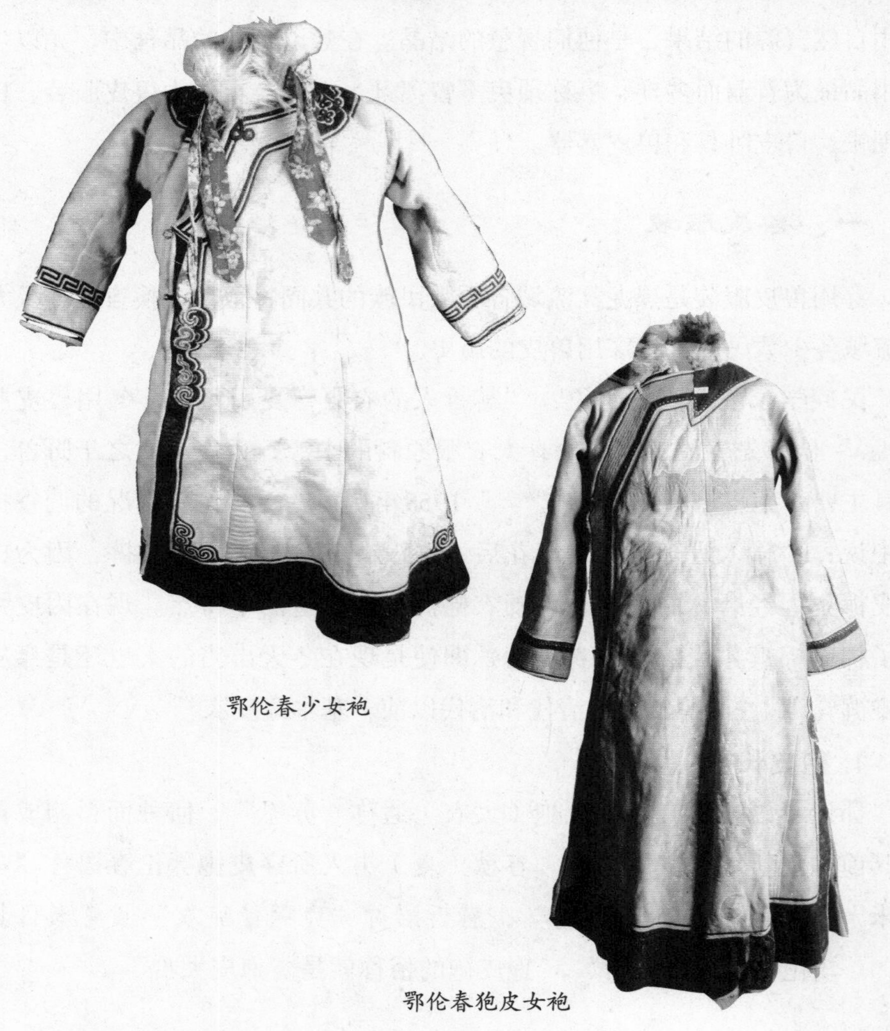

鄂伦春少女袍

鄂伦春狍皮女袍

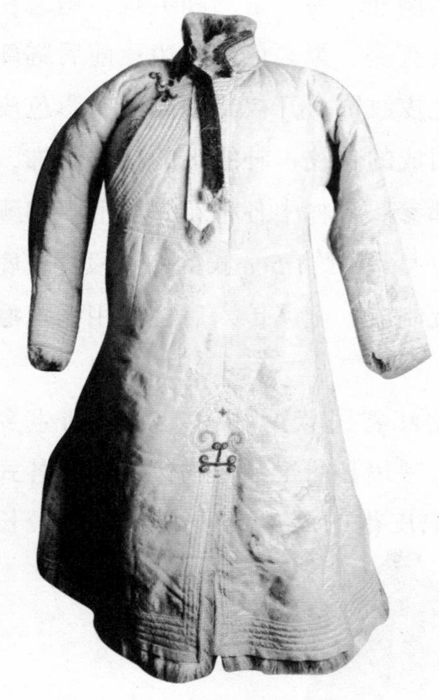

鄂伦春狍皮男长袍

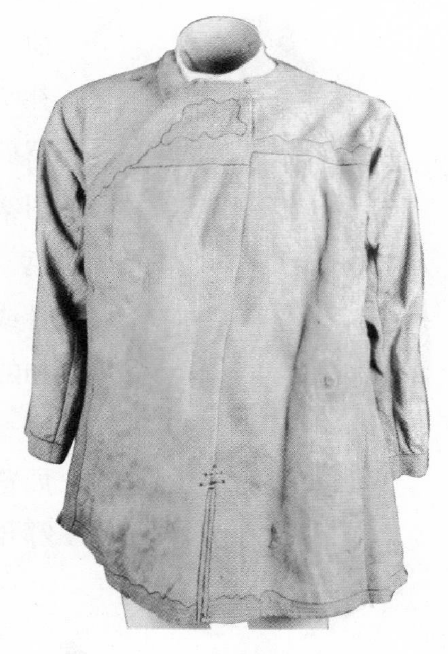

鄂伦春男短袍

不相同，夏季猎到的狍子剥下的皮皮薄毛短无绒，称为“红杠子”；深秋皮称“小毛宾其”；初冬皮称“大毛宾其”；深冬皮皮厚毛长，故称“成皮”。春、夏、秋季穿的皮大衣用前三种皮制作，冬季穿的用成皮制作。鄂伦春的“古拉米”是用夏天或初秋猎获的“红杠子”狍皮制作。有的干脆就是磨掉毛的冬袍，形制也就没有差别。

一件冬袍大约用五六张狍皮，都是用狍脊筋或鹿脊筋线缝制，一个女工需用4~7天时间，一般能穿3年。如果仅是毛被磨掉，可以改为夏秋季穿用，还能再穿3年。兽皮衣正反都能穿，天冷时毛向里穿，防寒保暖；天热时毛向外穿。同时反穿时有一定的伪装作用，常在冬季狩猎时用来迷惑野兽。

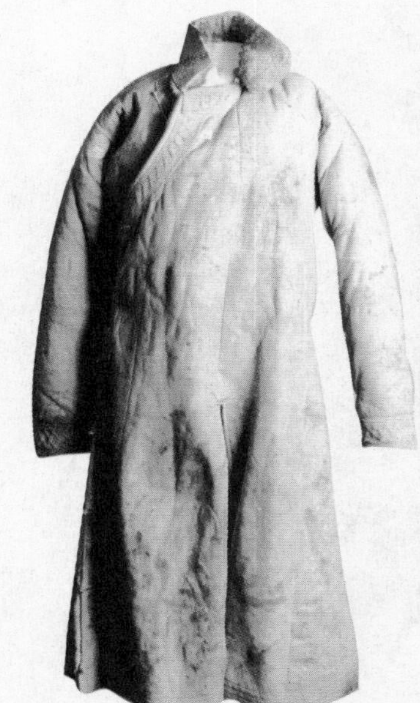

鄂温克男长袍

青年人穿的皮袍一般染成黄色。儿童的也不例外。为了耐用和美观，袍边和袖口均镶有黄、黑等色薄皮边；前后胸部补绣黄色皮纹饰；开衩封端处均有彩色皮革剪刻而成的花纹再补绣上的精美纹饰，图案大都参照森林中各种花卉的形状和颜色。钮扣大部用约1.5cm长的一小段犴、鹿骨或木棍制成，金属传入后也有用铜疙瘩扣的。

黑龙江省民族博物馆、黑河新生乡展览馆、呼玛县白银纳博物馆等都有各式鄂伦春狍皮袍的展出或收藏。其中最长

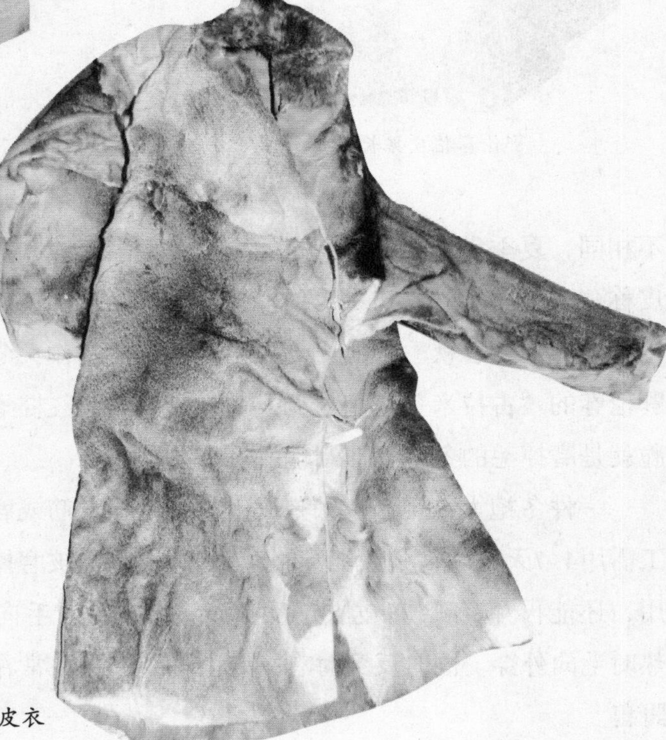

关扣妮家里保存的狍皮衣

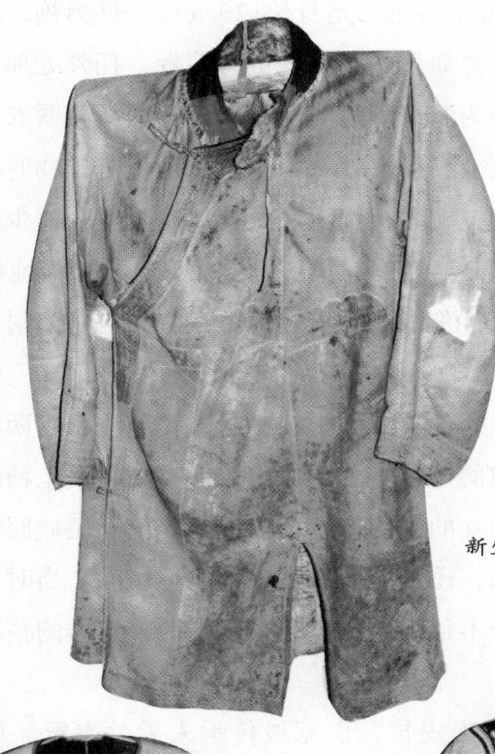

新生乡孟兰杰家的狍皮男袍

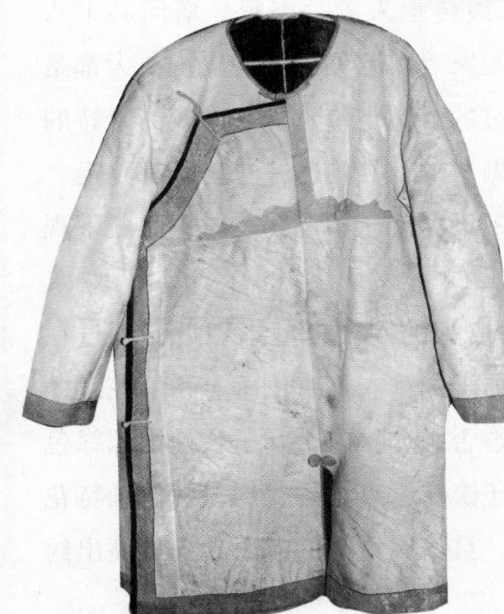

十八站郭宝林家穿用的狍皮袍

十八站郭宝林家的女式皮袍

的男袍通长128.5cm，最富特色的是身长125cm的一件男袍，纽扣为五颗蚌珠，在黑纽绊衬托下更显熠熠生光；更有甚者，托领处加装了带有多色线穗的彩色飘带，作为装饰颇显华贵，遣以实用可扎紧衣领，挡风御寒。仅有唯一一件男短袍，身长87cm，为进山后追赶猎物时所穿，身量缩短使骑马或步行或穿上滑雪板都更加便捷。镶黑皮花边少女狍皮袍，是鄂伦春族妇女孟荣花于1953年鄂伦春人实现定居时为她的女儿精心制作的。长92cm，胸宽40cm，衣袖长40cm，小毛狍皮缝制。领口处有4条花布飘带，领口、衣边、袖口皆用黑皮镶嵌云形花纹。两侧开气处和右腋下大襟中段有彩绣花纹，其中红、绿、黄色线系用两根针同时对刺绣成花纹。这件皮袍的选料、着色是比较考究的，做工精细，图案精美，凝聚了鄂伦春族妇女的聪明智慧，体现了鄂伦春民族服饰的风格和特点，无论从熟皮技艺，还是缝制手艺，都堪称精品。当时的鄂伦春妇女，有如此高超的技能不足为奇。但几十年之后，这样的精致手艺已难觅其迹了。

笔者在黑河新生乡狍皮技艺国家级传承人孟兰杰家、塔河县十八站乡郭宝林家、呼玛县白银纳乡关寇妮家等，都见到了狍皮袍。大都是20世纪主人亲手制作，本人或亲人穿过的，弥足珍贵。其中较为奇特的是关寇妮的一件，是一种有别于通常做法的“夹袍”——里外都是毛，一面是成皮，另一面是红杠子。这样冬天穿着，不但伪装时不必脱下现翻，而且加厚一层会更加保暖。

鄂温克人与鄂伦春人习俗相近，皮袍的制式也基本相近。不过在细微之处却有显著差别，据说“未婚男子的袍衣襟有倒垂直角的花纹，已婚男子的则没有。女子的袍衣亦有婚否之分：未婚女子长袍上那绿色的缝道较宽，前后相同，并且长袍上还镶有垂直角的宽约一寸的独特花边；已婚女子长袍上的缝道前宽后窄，且肩有重叠的起肩，比肩高出约二寸[①]。”这在其他民族是未曾见闻的。

黑龙江省民族博物馆、内蒙古陈巴尔虎旗民族博物馆和俄罗斯哈巴

①杨昌国：《符号与象征——中国少数民族服饰文化》，北京出版社，2000.08版，第50页。

鄂温克皮袍

埃文基皮袍

罗夫斯克地志博物馆分别展出了鄂温克男袍、女袍以及埃文基人皮袍。男袍与鄂伦春人的形制纹饰几无差别，唯一不同是胸前没有鄂伦春人的特有山形纹饰。女袍除有与鄂伦春人相同的“标准型”之外，又有收腰形的，类似连衣裙（布拉吉），是否受了蒙古族或俄罗斯影响不得而知。埃文基袍与前两者大相径庭：一是直对襟而非右衽；再是具有俄罗斯远东地区各

赫哲狍皮袍

少数民族共同装饰特点——黑红相间条带纹饰。

鄂温克用7~8张羊皮缝制而成的大毛长衣类似旗袍，异常结实，是最普通的劳动服。特点是肥大，所以需束长腰带，以便于骑马、放牧。男子如果不束腰带，被认为是不礼貌。妇女平时不束腰，但在劳动时要束腰带；腰带的颜色有黄、绿、浅绿、淡红等多种。

赫哲人的狍皮长袍也和上述各式都有差异，其大

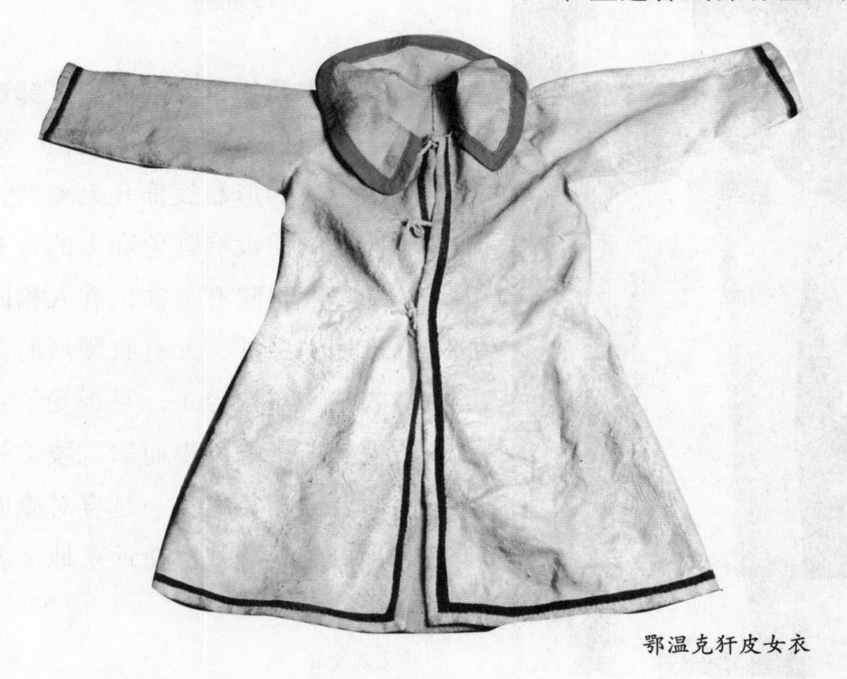

鄂温克犴皮女衣

襟，说直又不是正中对襟且下摆段缺襟；说偏而又是直襟且近乎位于正中。凌纯声先生配发一张照片介绍：“狍皮男大氅，长107cm，其拼缝之法颇饶兴趣。皮与皮接缝处，用狭皮一条，缉在缝隙。大小袂几不分，其中多皮一条者为大袂，着时露在外面。领口有铜钮一粒，袂上有皮带三道，用以代钮。领高13cm，长约70cm，领长于领口，衣之周围无衩[①]。”

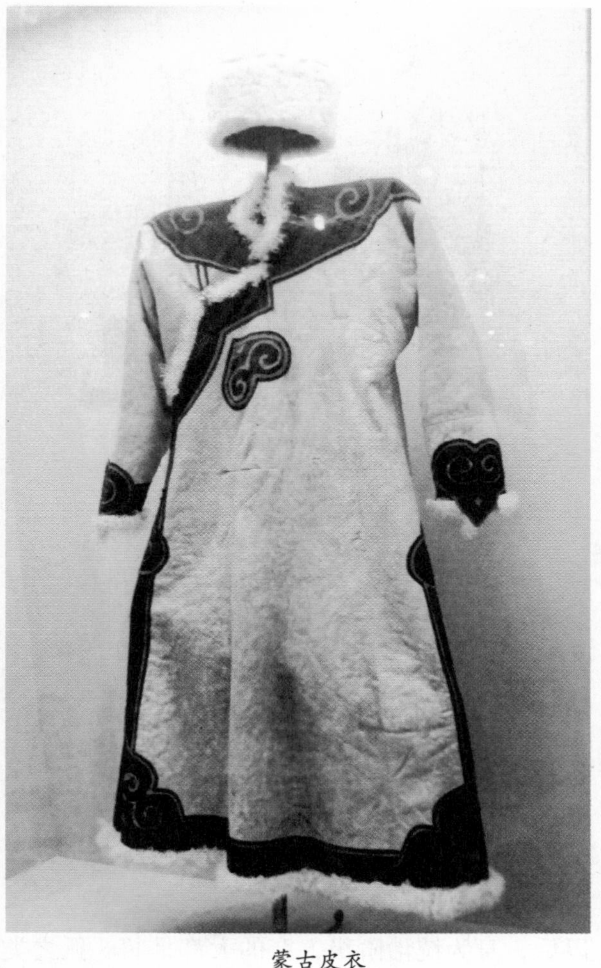

蒙古皮衣

赫哲人还有一种鹿皮长衫。凌纯声介绍：“在春秋两季，赫哲男子常穿鹿革做的长衫，式样如现代中国男子所着的长衫而稍短，领长于领口。衣服之前摆开有一长叉，在叉的上端缝钮一道或两道。鹿皮女衫，长95cm，鹿皮质料，毛向里，皮板在外。式样如40年前的中国女衣而稍长。领口、襟上、腋下三处用铜钮，下叉用皮带两条系结。周身用染黑色的鹿皮作绲边。领肩四维、前后摆及四角、下叉等处有灵芝盘花形。裁剪法与中国衣服大致相同，唯无领[②]。”

黑龙江省民族博物馆收藏的鄂温克的犴皮女衣也应属于兽皮长衣的一种，因其通长达100cm，再高大的女人穿上也会过膝。对襟，领以下有三

①凌纯声：《松花江下游的赫哲族》，国立中央研究院历史语言研究所，1934版，第74页。
②凌纯声：《松花江下游的赫哲族》，国立中央研究院历史语言研究所，1934版，第74~75页。

蒙古皮衣

道皮系带，领镶蓝红布边，衣襟镶黑、桔红布边，后背及前襟下摆镶黑布边。是猎民妇女阿奴斯克缝制的。

兽皮长袍穿用历史极其悠久的另两个民族是蒙古族和满族。蒙古族制作面料多以羊皮为主，这是因为他们是游牧而非游猎民族，且牧的主要对象是羊。从内蒙古陈巴尔虎旗民族博物馆的展品可以清楚地看出羊皮，形制上下摆稍大，因此无论男式女式均有两侧开叉而无前后开叉。满族入主中原以后，身为统治阶级，穿的大都是貂、狐之类细毛皮制作的皮袍，式样当然是“旗袍”。入关前所穿皮袍的面料与形制不甚了了。不过，他们的先祖金人曾经穿过羊皮，就连被掳的宋朝徽钦二宗也被迫穿上羊皮，只是在“牵羊礼”（献俘仪式）才褪去上身，袒胸露背，当然那是更大的耻辱了。

达斡尔族的服饰，早年多以兽皮为原料缝制，主要是不吊面的皮袍皮裤。清末以后，兽皮、布料兼用的情况逐渐增多，常常是外衣为皮衣，内衣为布衣；冬天为皮衣，夏季为布衣；男装多皮，女装多布。他们的皮衣多选用狍皮制作。根据生活经验，春秋季节多用刮掉毛的光板狍皮缝制，

鄂伦春族狍皮上衣

鄂伦春儿童皮衣

称为“哈日密”；冬天用皮毛一体的、毛朝里的狍皮袍，称为“阿热斯得勒”；狩猎者穿着毛朝外的皮袍，称为“果罗穆”，以便诱惑野兽。

达斡尔人“昔日穿的皮衣叫‘得勒’或‘得力’，多用立冬前后至春节前后的狍皮——布混奇制作。布混奇毛色棕黄，绒毛密度大，毛质结实，不易脱落；用布混奇做的‘得勒’，柔软暖和，经久耐穿。‘得勒’还有用羊皮、羊羔皮、狐狸皮、猞猁皮(山猫皮)、狼皮做的。权贵富豪吊面穿，平民百姓不吊面[1]。”

“达斡尔族的男装有‘得勒’（皮袍）、‘夏吉根’（棉袍）、‘嘎格日’（单袍）几种。各类衣袍都长达膝部左右，前后下摆处各开一衩，便于骑马射猎。在袖口、领口、襟衽下摆处，常配有寸半宽的黑布、黑大绒或染黑的皮板缝制的镶边[2]。”

2. 兽皮上衣

鄂伦春人也把红杠子皮做的狍皮短袄叫做“古拉米”，若是没毛狍皮板做的就叫做“卡日姆纳”。

两者都是夏天打猎时穿，“古拉米”一般是毛朝外穿，下雨时雨水顺毛淌下，不会被雨淋湿。天晴时穿这种皮衣也不热，属于两用皮衣。“卡日姆纳”是用光板的狍皮制成，一般也是男子夏季出猎或劳动时所穿。制作时，把皮张上的毛层去掉，熟好了上黄颜色，这种皮衣穿脏了还可用水洗，洗完接近晾干时用手揉，不起皱，干了就可以穿了。这种皮衣不分表里，两面都可以穿。

黑龙江省民族博物馆藏有鄂伦春族狍皮上衣和儿童狍皮衣各一件。前者全长52cm，圆领，右衽，衣襟袖口、底边镶一圈黑布边和翻毛皮子，是由红杠子皮所做，应属短式“古拉米”。后者是在鄂伦春人家中征得

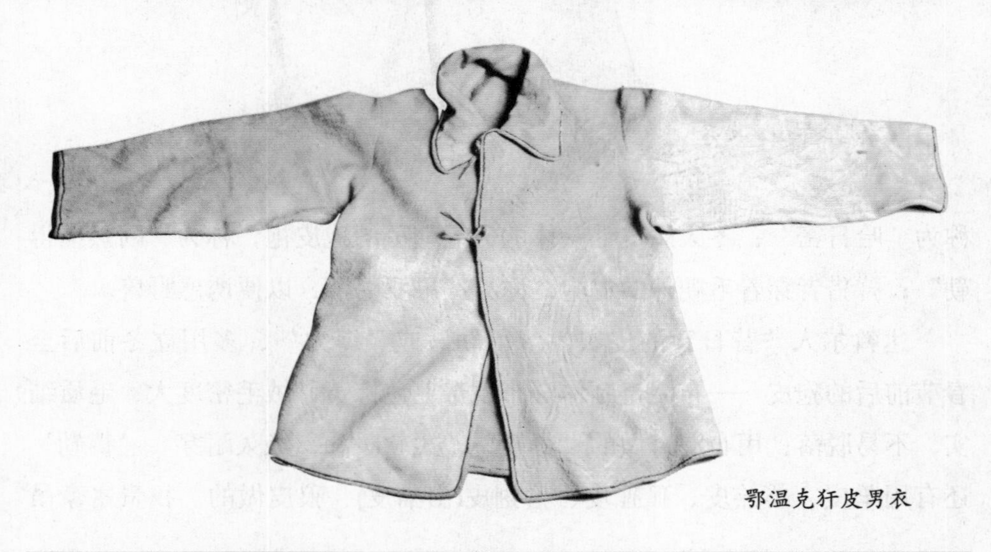

鄂温克犴皮男衣

①巴图宝音：《〈民俗文库〉之十二 达斡尔族风俗志》，中央民族学院出版社，1991.08版，第5页。

②刘金明：《黑龙江达斡尔族》，哈尔滨出版社，2002.4版，206页。

蒙古皮衣

的，据说是其儿子的冬季服装。从后身带开叉和身长56cm来看，应是男孩的半大长衣。但从对襟、无领看已与传统制式相去甚远，特别是3个纽扣用的是现代的胶木钮扣，极有可能是下山定居以后的产物。

凌纯声先生配图介绍了一件赫哲人的狍皮短袄："长77cm，狍皮质料，毛皮在里面，为对襟式，胸前有结带二道；腰身甚大，有时又可作有大袂短袄，右腋下缝有一皮带，以便系结。因一衣当作两用，所以领口大于领，领口长65.5cm，领长53cm，高11cm，作对襟袄时领口或为鸡心形；作有大袂短袄时，则领与领口均为圆形。衣之后摆中间有一短叉，长10.5cm[①]。"

兽皮上衣的制作质料，除了狍皮、鹿皮之外，还有犴皮。黑龙江省民族博物馆就有一件鄂温克族犴皮男猎装，系敖鲁古亚鄂温克族女猎民制作。长77cm，翻领对襟，衣襟有两道皮系带以代钮扣，领边及衣边用黑线缉边。其独特之处是躯干部前后片包括衣领由一整块犴皮裁剪而成。鄂

① 凌纯声：《松花江下游的赫哲族》，国立中央研究院历史语言研究所，1934版，第75页。

蒙古皮衣

温克人把短皮衣叫“胡儒木”，是一种外边套穿的上衣，袖子肥大，为礼服的一种，结婚时，男女双方送亲、迎亲的代表必须穿它。布面或缎面的羔皮袄也是礼服之一，一般平时不穿，只在做客会亲和逢年过节场合才穿上。通常最小的羔皮多为幼儿做衣服，轻柔暖和。

达斡尔人“皮衣第二种叫‘哈日密’。用毛落而鞣存的鹿皮和八月狍皮（克热）、二月狍皮（挂楞其）制作。上述兽皮毛色红黄，绒毛稀短，皮质结实，在野外干活耐磨耐剐①。”

蒙古族的皮上衣无论质料和制式都更加多样。

阿依努人与鄂伦春、赫哲有较近的亲缘关系，所以他们的皮衣有近似之处，只是儿童穿的更漂亮一些。

还有一种皮制上衣皮马褂，达斡尔人马褂称为“奥勒博”，多以鹿皮或犴皮制作，套于长袍外。鄂伦春人马褂，鄂伦春语称“乌鲁布”，一般人很少有，多是上层人士如佐领等穿着，极具礼服性质。通常是翻毛鹿皮面，青绒布镶边。很有可能是受满族人的影响，甚至是“赏乌绫”时的奖品。满人初入关时，只限于八旗士兵穿用。直到康熙、雍正年间，才开始

①巴图宝音：《〈民俗文库〉之十二 达斡尔族风 俗志》，中央民族学院出版社，1991.8版，第5页。

在社会上流行，并发展成单、夹、纱、皮、棉等服装，士庶都可穿着。时代不同，用料、颜色、缀饰也有差别。乾隆时曾流行毛朝外的皮马褂，均用珍贵裘皮，非一般人所能置。辛亥革命后，政府曾把黑马褂、蓝长袍定为礼服，长袍马褂一度流行全国。

皮坎肩是一种无袖皮衣，是黑龙江流域各民族（包括蒙古族）通行的服饰之一，鄂伦春语称"额拉葛布其"，是用秋季的狍皮制作的，主要是妇女和儿童穿用。儿童的坎肩是用小狍崽皮制作，其皮上还保留着胎里的小白点，孩子们穿上显得很可爱。

凌纯声先生配图介绍了赫哲族的鹿皮坎肩："鹿皮背心——质料为上等去毛鹿皮，皮质甚软。长68.5cm，为有襟背心，四周及领绲黑绒阔边一道，再绲黑丝带狭边一道，青布夹里，黄铜钮扣，制作甚精致[①]。"

达斡尔人"皮衣第三种叫'坎肩'。也用毛落鞯存的鹿、犴、狍皮制作。其优点和'哈日密'同。用得不多的皮马褂（沃勒宝）也用这类皮做[②]"。达斡尔人妇女多穿布衣，成年妇女外着皮质短坎肩。

阿依努皮衣

①凌纯声:《松花江下游的赫哲族》，国立中央研究院历史语言研究所，1934版，75页。
②巴图宝音：《《民俗文库》之十二 达斡尔族风俗志》，中央民族学院出版社，1991.08版，第6页。

阿依努儿童皮衣

别看皮坎肩形体短小、其貌不扬，它的社会意义却与之有着巨大反差：蒙古族人喜欢摔跤，每逢节庆必有摔跤比赛或表演，皮坎肩是必不可少的装备。更不可小觑的是，它在鄂伦春人的婚姻中有着极重要的标志性意义：一说鄂伦春人"在认亲时，给女婿换上美观的新装，用黑皮子镶边，坎肩的肩用红布绢上，并在坎肩的背面和肩头上刺上云纹[①]"。给予皮坎肩在婚姻中更高地位的说法是：鄂伦春人"男女婚嫁多由男方找媒人到女方求婚，一般求三次才成。求成后，商定认亲、过彩礼的日期。男方到女方认亲时就得和女的同房，时间一个月或20天不等。女方给男方换上用黑皮子镶边的新装和红皮坎肩，而且女方要把头发梳成两个辫子缠在头上，这是订婚的标志[②]"。这里蕴藏着一个在清时征兵制度下形成的一种奇特婚俗：当年清政府大量征调布特哈青年充当八旗兵，当兵青年参加征战生死难料，为了种族的繁衍，订婚即同房月余渐成习尚。1916年任库玛尔路鄂伦春第一初等小学校校长的文人边瑾曾赋诗予以讴歌："察醴吃后两无猜，新婿新娘任往来。待得良辰过大礼，小儿小女绕妆台[③]。"达斡尔人在同样的背景下形成了同样婚俗，清朝官员张光藻曾有诗云："未婚夫婿许同床，欲娶须教礼物降。堪笑入门新妇唤，眼前儿女已成行。"注

①全国人民代表大会民族委员会办公室编《鄂伦春族情况》，全国人民代表大会民族委员会办公室，1957版，第84页。

②姜若愚主编：《中国民族民俗》，高等教育出版社，2002版，第116页。

③边瑾：《鄂伦春竹枝词》。

称："达斡尔巴尔呼以牛马为聘礼，多多益善。礼不备，女不容娶。然婿既行执手礼，许来往女家，与女同寝处，称夫妇，故有聘逾数载始能备礼迎娶者，新妇入门子女已成行矣[①]。"

3. 皮裤

皮裤又分为两种：皮裤子和皮套裤。

皮裤子鄂伦春语称"纳纳额勒开依"，其中"额勒开依"是裤子的泛称，"纳纳"是皮子的泛称；赫哲语称为"那斯黑刻"，同样，"那斯"是皮，"黑刻"是裤子。不难发现他们的发音是极其接近的，尤其是"额勒开依"与"黑刻"只是写成汉字差别很大，其实其最后一个音节是完全相同的。

然而皮裤的形制早年时可就差异明显了。凌纯声先生配图记述了一件赫哲人的狍皮裤："长84.5cm，质料为去毛狍皮，然有几处毛未完全去净。袴管为自来贴边。有袴腰，长18.5cm，质料为汉人输入的大布。皮色灰白。赫哲妇女皆扎袴管，男子不定[②]。"从描述和附图分析，可以推知三点：一用光板狍皮制成；二是一种便裤，样式与20世纪50年代以前汉族老百姓穿的抿腰便服裤基本相同，不分前后，两面可随意穿；三是不分性别，男女所穿式样相同。

鄂伦春人的皮裤讲究就多了一些：冬季穿的用带毛狍皮制作，夏季穿的则去掉毛。男女皮裤的形制早年差异颇大，男裤筒短，仅过膝盖；腰肥，穿时需抿折重叠一段，类似汉人穿的抿腰便服裤的短裤，然后再穿套裤。女裤腿长及脚面，裤筒比男式的稍瘦，两侧和腿口处镶有云字边纹。裤腰两侧开叉，前腰做成半圆形，形成长至胸部的兜肚，缝条皮带可以系挂在脖子上，除了保暖还可以兜住乳房，否则骑马时的剧烈活动会使乳房受伤；后腰两端缀带子，系到前面腰腹处，解手时很方便。样子很有些像20世纪的"工装裤"。到民国时期受外界影响日多，男式裤筒渐长，女裤去掉了兜肚，式样始趋一致。

一件皮裤一般用2~3张狍皮制成，制作需3天。可穿3年。

①[清] 张光藻：《龙江纪事绝句一百廿首》，上海古籍书店，1980版。
② 凌纯声：《松花江下游的赫哲族》，国立中央研究院历史语言研究所1934版，第75页。

皮套裤，鄂伦春语称“阿木苏”；赫哲语称男人穿的为“卧又克衣”[juki]，女人穿的为“嘎荣”。就是并不相连的两只半截裤腿，套在皮裤的外面，起到保暖和保护里面皮裤的双重作用。一般用“红杠子”狍皮制作，需用皮1~2张，制作两三天，能穿1年。套裤上下都缀有皮绳，穿时上边皮绳系在裤腰带上，下边的系在靴鞡上，冬天可以保护靴鞋“其哈密”里不进雪。黑龙江省民族博物馆、呼玛县白银纳乡博物馆和黑河新生乡狍皮技艺国家级传承人孟兰杰家收藏的都是这种样式。只不过后者穿用年代长久，少了绒毛而多了沧桑。另有一种用狍腿皮做的套裤，鄂语称“木

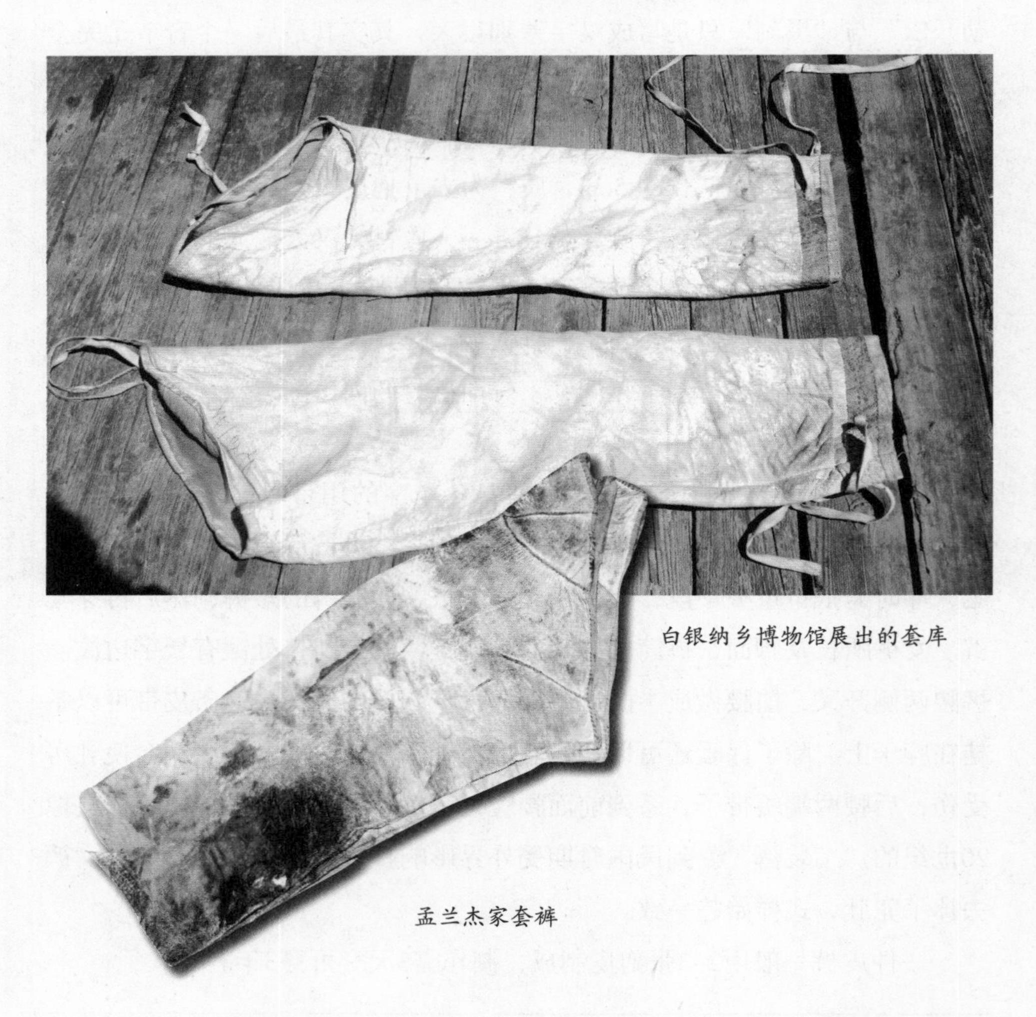

白银纳乡博物馆展出的套库

孟兰杰家套裤

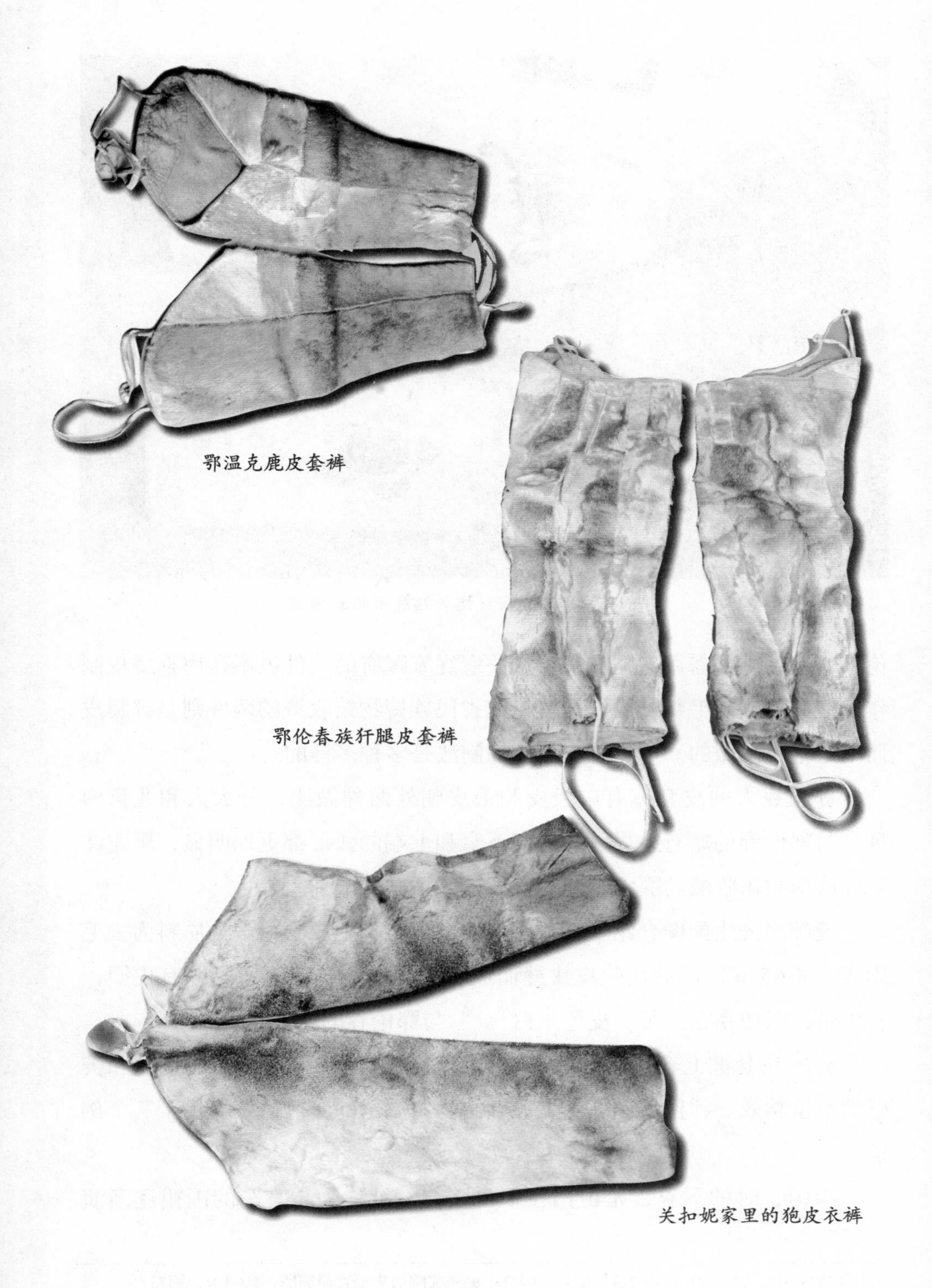
鄂温克鹿皮套裤

鄂伦春族犴腿皮套裤

关扣妮家里的狍皮衣裤

呼伦贝尔鄂温克民族博物馆展出的套裤

伦”，毛朝外，需用狍腿皮36条。关寇妮家藏有的一件虽不是用狍腿皮制作，但其做法是毛朝外的。而黑龙江省民族博物馆收藏的两件则是犴腿皮而不是狍腿皮做的。可见兽皮套裤的制法是多种多样的。

鄂温克人的皮套裤有白板皮和毛皮朝外两种做法，分大人和儿童两种。与鄂伦春的略有差异——上宽下窄和上端的弧形都更加明显，黑龙江省民族博物馆收藏的鄂温克鹿皮套裤证实了这种差别。

凌纯声先生配图介绍了赫哲人的皮套裤：“狍皮套袴——质料为去毛狍皮，长65cm，用数块狍皮拼缝而成。袴管上端自来绲边。缝有皮圈，扣皮带，以便系在袴带。皮色灰白[①]。”与鄂伦春的无大差别。

有的在套裤上容易磨破的部位饰有绣花或贴花，起到增加强度和美感的双重功效。呼伦贝尔鄂温克民族博物馆展出的套裤恰好提供了一个例证。

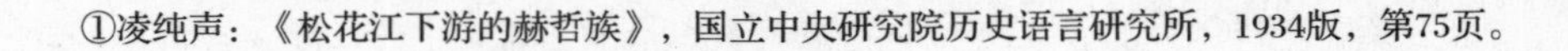

中国古时的下衣，是由挡在下身之前、被称为“裳”的围裙逐渐演

①凌纯声：《松花江下游的赫哲族》，国立中央研究院历史语言研究所，1934版，第75页。

化而来的。“袴”专指套裤而言。汉朝以后出现了有裆（但是开裆）的裤子，为了与套裤加以区别，称为“袴”。大约唐朝出现了真正有裆有腰的裤子，以后在口语中逐渐称为“裤”。严格地说，只有两只裤管的套裤，仍应写为“套袴”。

4. 狍头帽

鄂伦春语称“密塔哈”，赫哲语称“阔日布恩处”。由一个完整的狍头皮制成，制作工艺各族基本相同。早期很可能是把狍头皮剥下晒干熟软，不经任何加工即戴在头上。后来逐渐添加了一些加工工艺：将眼圈的两个窟窿镶上黑皮子；把原来的两只耳朵割掉，用狍皮另做两只假耳朵，据说否则在山林中会被其他猎人误认为真狍子而加以猎杀；在头皮下部再镶一圈皮子，较为复杂的是帽口左右各接一暖耳，以遮护耳朵和面颊，暖耳下沿再缝一条狐狸或貉子尾巴毛皮，通常卷在上边做帽沿，天冷时放下来充做帽耳并围护脖颈以保暖。

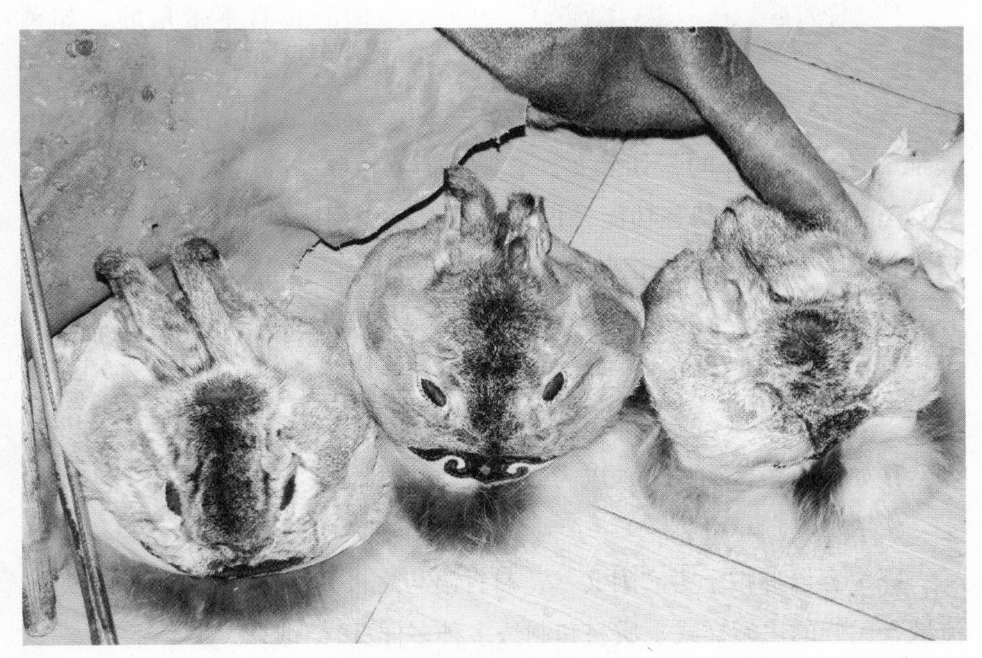

葛长云家狍头帽

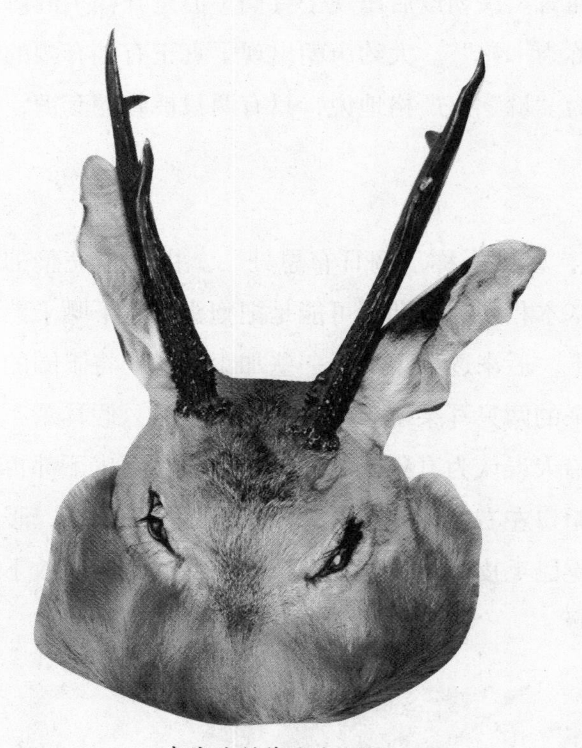

郭宝林制作的狍头帽

早年狍头帽保留了狍子头上的两只硬角，同时也基本保留了真狍头的其他原始特征，正如清人西清所记："索伦、达呼尔以狍头为帽，双耳挺然，如人生角[①]。"所以除了具有帽子通常的防护、取暖功能之外，经常是猎人出猎时戴上作为伪装来迷惑野兽以便于接近猎物。后来发展派生出多种不同类型：有带角的，如郭宝林做的；有不带角的，如葛长云做的；有耳朵不再安上的以及连眼睛处也不用其他颜色皮子修补的，如黑龙江省民族博物馆收藏的。也就是越来越削弱乃至完全丧失了伪装功能，仅保留了保暖作用。早年男女老幼皆戴，现在仍有少数人冬季上山狩猎戴用。以至于同治年间因天津教案被遣戍齐齐哈尔的张光藻有诗形容当时当地官、兵、民的各种帽子："官样人人帽戴缨，缀来貂尾是旗兵。狍冠双耳峨然起，头角峥嵘见欲惊。"其注说："土人官戴缨帽，兵戴貂尾帽。索伦、达斡尔以狍头为帽，双耳挺然，如人生角，初见者殊以为怪[②]。"

5. 皮帽

鄂伦春语称帽子为"阿文"，赫哲语与之极其相近，称 [au]。黑龙江流域各民族的皮帽样式、质料和制法多种多样。

鄂伦春人的典型皮帽是在毡帽或布制帽子上镶狐狸皮或猞猁皮而成。

①[清] 西清：《黑龙江外记・卷六》，中华书局，1985 版。
②[清] 张光藻：《龙江纪事绝句一百廿首》，上海古籍书店，1980版。

鄂伦春狍头帽

形制很多，最典型的一种是四耳帽，两侧是两个大耳，前后为两个小耳，美观精致，一般是妇女戴用。两侧的帽耳，天气不甚冷时卷起向上，基本作为装饰；比较寒冷时稍向下拉护住双耳，御寒和装饰兼而有之；特别寒冷时完全拉下护住双耳和双颊，完全用于御寒。

黑龙江省民族博物馆还收藏有一些类似的鄂伦春、鄂温克族皮帽。其中三顶有独到的特色：一顶鄂伦春带耳皮帽，帽盔上布满红色流苏，帽顶一簇黑色帽缨，特别是银质镂花帽准格外醒目；一顶红杠子狍皮帽子，两个帽耳上各缝皮系带一根，样式简易而适用，帽顶有几朵皮穗做点缀，为之增添了情趣；一顶鄂温克四耳皮帽，帽盔由橘红色毡子制成，四耳和帽缨为棕色鼬皮，最醒目的是周围饰有一圈红缎子带编结的盘肠图案。

凌纯声先生记述：“赫哲人从前用貂皮做冬帽，现在的貂皮日渐减

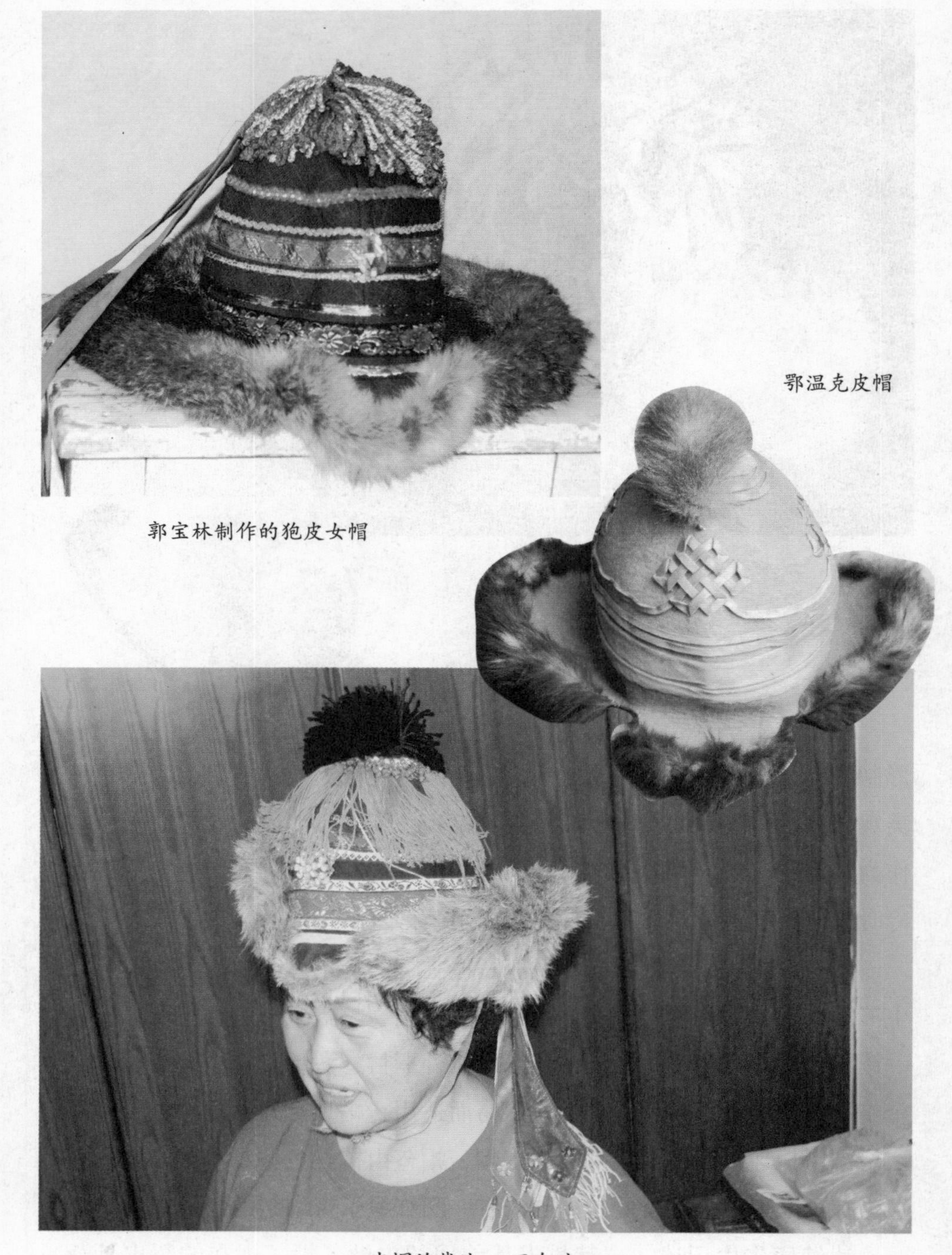

郭宝林制作的狍皮女帽

鄂温克皮帽

皮帽的戴法：不冷时

阿依努皮帽

少……所戴的帽大都用鹿皮做的。其他如猞猁、水獭、兔、狐等皮，亦都可做帽料。水獭皮冬帽——高27cm，帽顶用数小块小皮拼缝而成，有如中国做西瓜皮帽法，皮毛向外，内衬汉人输入的布料。帽下左右缝皮两块为暖耳，暖耳衬里用长毛水獭皮。天冷则垂下，天暖则上翻以为装饰。狍皮冬帽，高23cm……帽顶用大皮一块，四面剪缝四条，绉缝而成。暖耳……唯四周绲有黑色长毛皮。赫哲男女所戴冬帽同一形式①。”

阿依努人与鄂伦春、赫哲的皮帽也非常近似。

皮帽是北方冬季必备的防寒服装，20世纪50年代北京地区大多数人都必须戴上，60年代末下乡到北大荒的几十万知青，无论来自哈尔滨、北京天津还是上海杭州，至少是每人准备一顶。恰如明初诗人郭奎描述南方妇女将到北方，首先准备皮帽的诗《从军妇》所云：“从军妇，良家女，新梳北髻学番语；狐皮裁帽纻丝衫，马上徉羞见亲故②。”

6. 皮手套

分为三种：

（1）长筒狍皮手闷子

鄂伦春语称“考胡鲁”， 赫哲语称“卡其玛”。是一种较原始的手套，基本是为打猎时专用。分为大拇指和四指两个部分，外形很像拳击运

①凌纯声：《松花江下游的赫哲族》，国立中央研究院历史语言研究所，1934版，第73页。
②[明] 郭奎：《望云·卷二》。

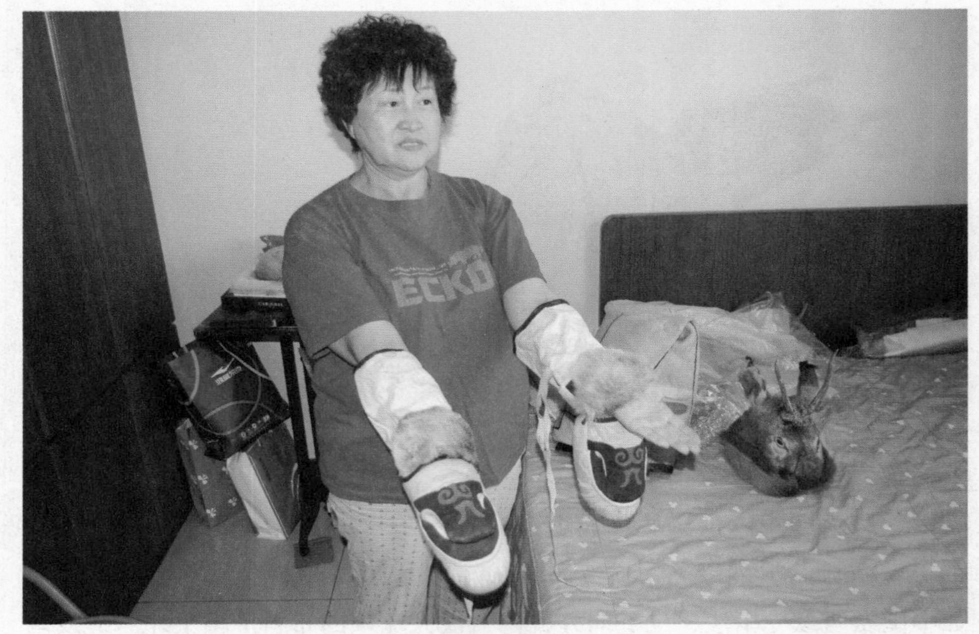

手套的用法

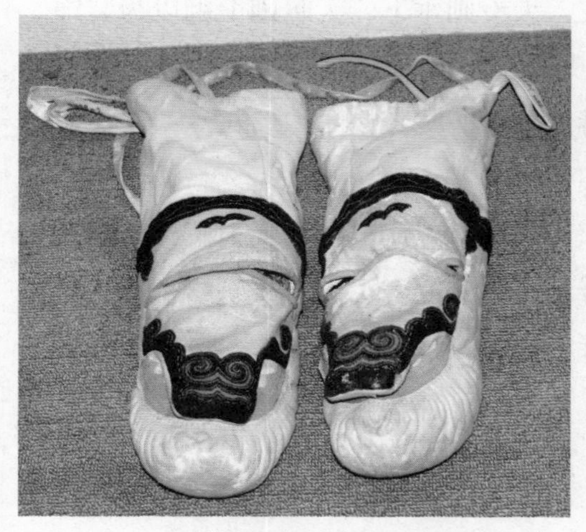

黑河爱辉纪念馆展出的手套

动员的手套，制作方法是，把一块约40cm × 15cm的长方形厚毛狍皮一头剪成圆形，抽成似靰鞡头一样的褶，做成手背；再镶上一条皮子作为手心；在这条皮子上做一大拇指套缝上；掌心处横开一道口，可在前边另缀一块皮子将其盖住，也有的用皮条做成抽口。戴时把筒套在衣袖上，并用皮绳系住。“考胡鲁”的特点是平时四指并在一起，开口被掩盖或抽紧，保暖性极好；而需要射击时可将手从开口伸出，握枪和扣动扳机极其方便，而且大多数手背上都绣有彩色的精美纹饰，有的姆指背上也有绣纹点缀，因此是猎人们冬季狩猎最喜欢戴的手套。一副“考胡鲁”需用狍皮半张，手背绣花的要做三天，不绣

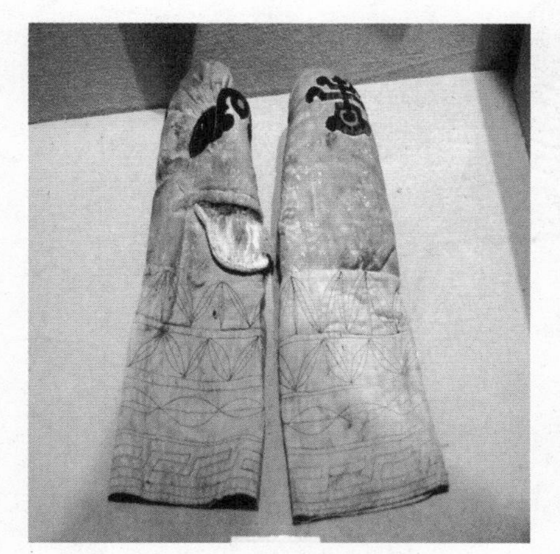
鄂温克皮手套

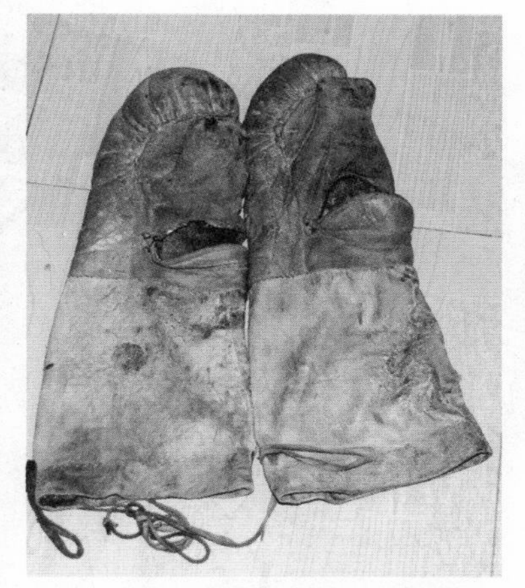
葛长云家手套

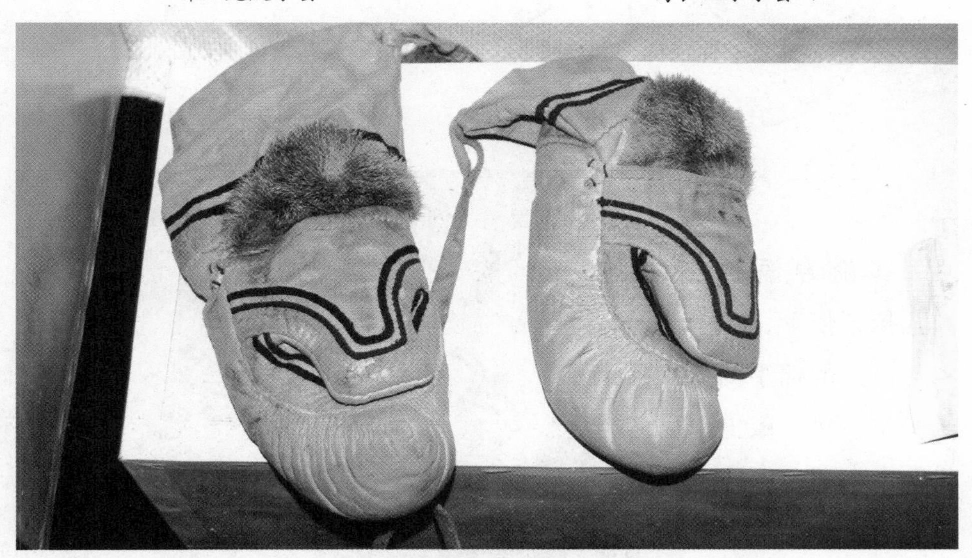
白银纳博物馆展出的手套

花的也需两天。能戴两年。

黑龙江省民族博物馆、黑河爱辉纪念馆、呼伦贝尔鄂温克民族博物馆、黑河新生乡展览馆以及葛长云等猎民家庭都有这类藏品。俄罗斯哈巴罗夫斯克地志博物馆展出有埃文基人的打猎手套，样式与上述基本一致，显著的差别是没有前者那么长的筒。这可能与俄罗斯境内的通古斯各族猎人普遍喜欢使用“袖带”扎紧袖口，而中国境内的则很少见闻这种物品。

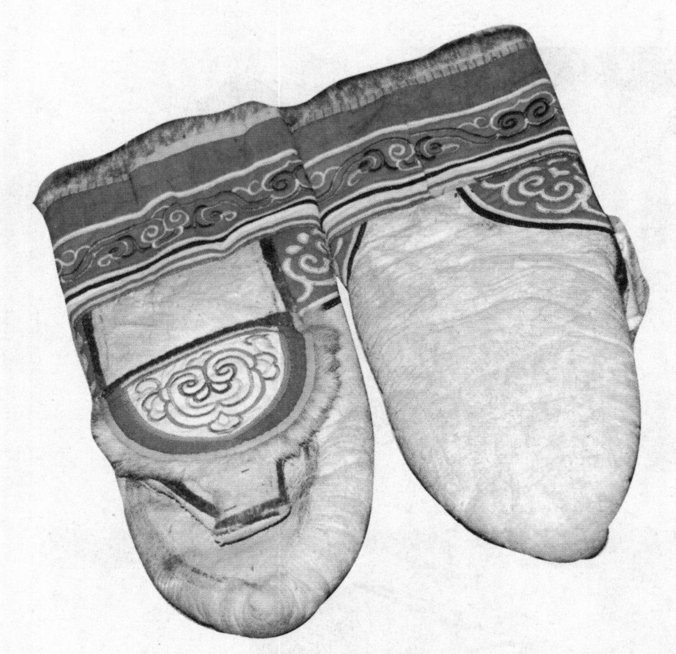

埃文基皮手套

（2）皮手闷子

儿童手套

鄂伦春语称“瓦拉开依”，形状与汉人的棉手闷子基本一致。戴上只能拿东西，不能射击，因此更适合儿童戴用。凌纯声先生配图记载了两种赫哲人的这类手套：“狍皮手套……质料完全用狍皮，大指与其余四指分离；裁剪法甚简，用两块皮拼缝而成……此为居家无事时所用……鹿皮手套……皮色黄白，口有三道绲边，两头为水獭皮，中间为黑绒绲边，口边缝绸带一条①。”

（3）五指手套

① 凌纯声：《松花江下游的赫哲族》，国立中央研究院历史语言研究所，1934版，第76页。

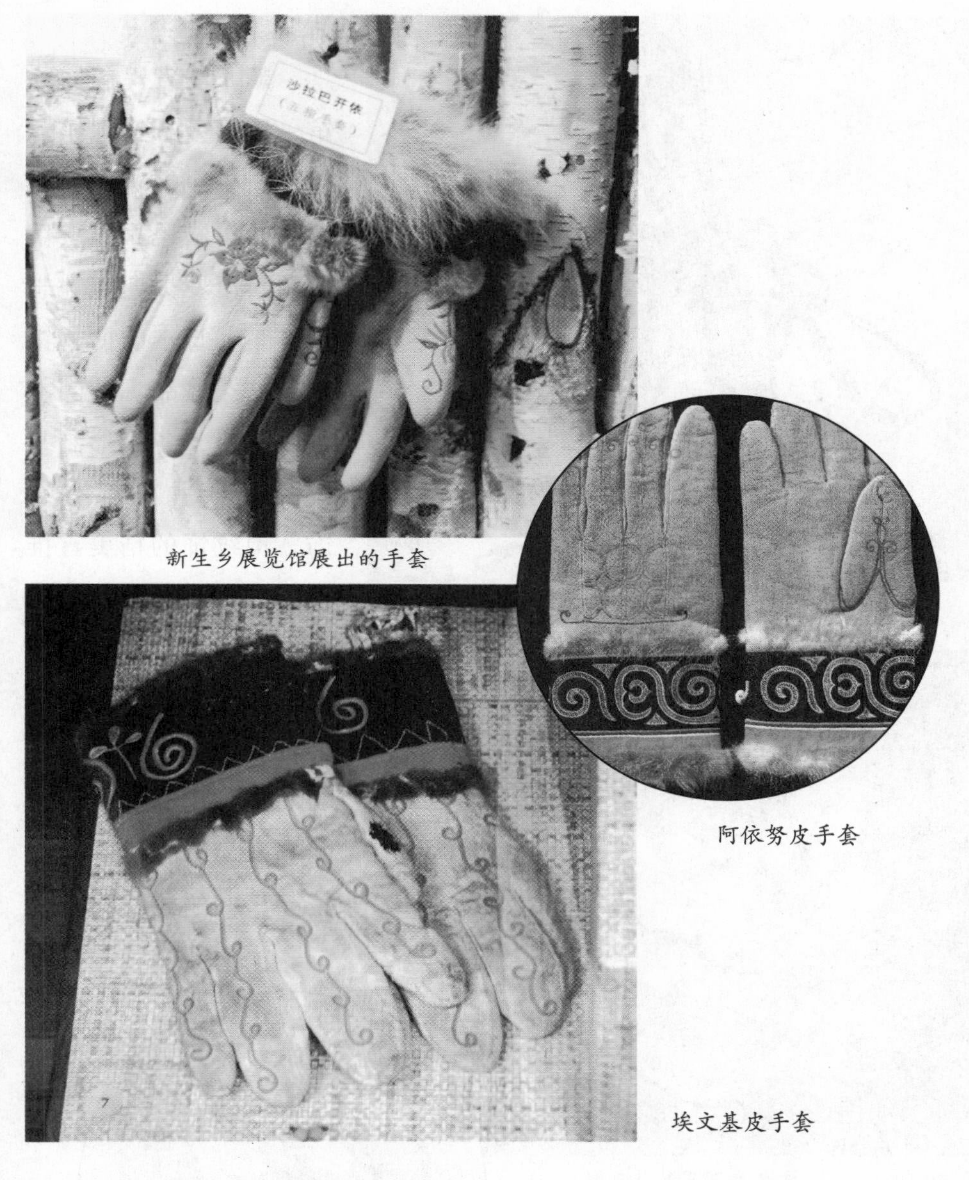

新生乡展览馆展出的手套

阿依努皮手套

埃文基皮手套

鄂伦春语称“沙拉巴开依”或“沙日巴黑”，赫哲语称“皮日掐斯克”。五指全部分开，一般劳作时戴用。有用“红杠子”狍皮做的，也有光板皮做的。材质除狍皮外，个别还有犴、鹿皮的，甚至有里面再衬以猞猁皮或灰鼠皮的。手背及五个指头上都绣有各种精巧的花纹图案，做工很

葛长云家狍皮靴

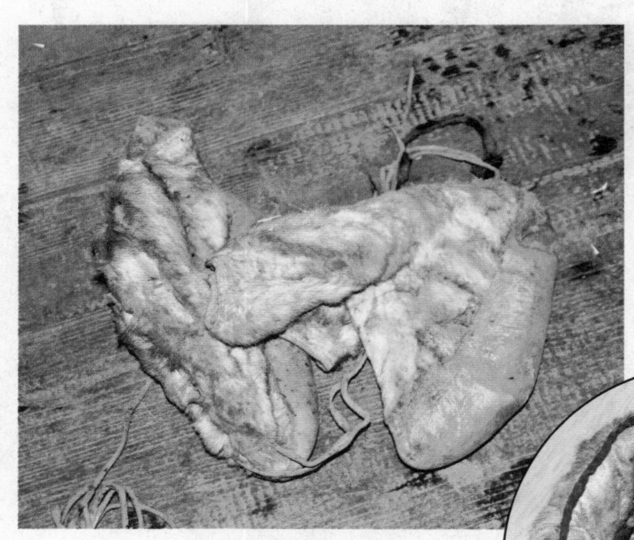

孟兰杰家里的狍皮靴

精细。

黑龙江省民族博物馆、黑河爱辉纪念馆、黑河新生乡展览馆以及葛长云等猎民家里、俄罗斯哈巴罗夫斯克地志博物馆、日本的博物馆都有这类藏品。从图上可以看出，各族形制基本一致，并且都有纹饰，但纹饰的精美首推鄂伦春：手背部的刺绣是写实的花草，五彩丝线绣就的红花绿叶格外醒目。无怪乎鄂伦春妇女们往往用缝制精美的手套来显示自己的女红技能，有的还作为定情

葛长云家狍皮靴

之物送给情郎。

7.兽皮鞋

种类繁多，主要有：

（1）狍腿皮靴

鄂伦春语称“其哈密”。由狍腿皮拼靴鞠，一般毛朝外，狍脖子皮做靴底，男女老幼均可以穿。每双靴筒，成人穿的用16条狍腿皮，小孩的用12条；一只狍子的脖子皮可做一双靴底。狍脖子皮柔软轻便，做成靴底，行走时声音微小，出猎时穿上，如遇猎物下马轻捷，又不易惊动野兽。里面再穿上狍皮袜子，并垫上“乌拉草”，再冷的天也冻不坏脚，轻巧保暖，便于在冰天雪地里穿行，是狩猎生活的理想鞋具。

黑龙江省民族博物馆、黑河新生乡狍皮技艺国家级传承人孟兰杰、葛

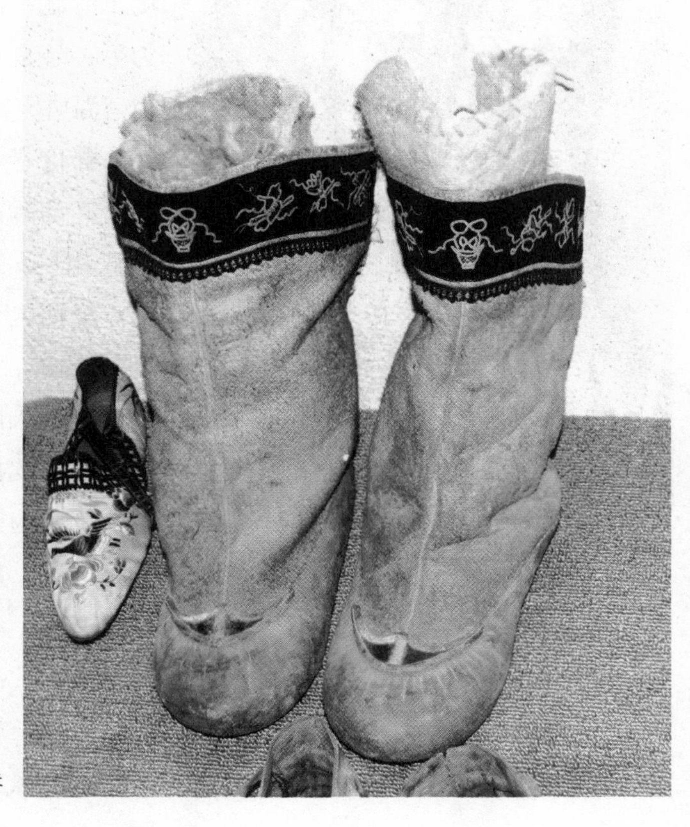

黑河爱辉纪念馆展出的鞋

阿依努皮鞋

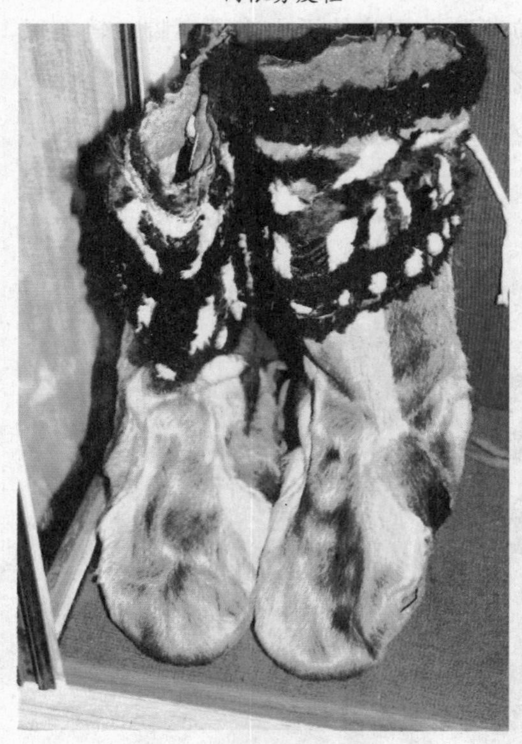

那乃鹿皮靴

长云等家里和日本的博物馆都有收藏。猎民家的都是穿过很久的实物，愈加难得。

（2）鹿、犴腿皮靴

鄂伦春把“其哈密”以外的靴子通称“温得”，高矮和不同皮子的再在前面加上相应的形容词。赫哲语把鞋帮与鞋靿为同一块皮革，而鞋底为另一块皮革或其他质料者，称为“温腿”或“温得”；鞋帮与鞋底为同一块皮革并在鞋脸部有抽褶，而鞋靿为另一块皮革或其他质料者，称为“温塔”。

鄂伦春人的“温得”比“其哈密”的靿高，一般达到膝盖。每双用8条犴下腿或9条鹿下腿皮。里面也套狍皮袜子，冬季穿十分保暖，主要是男人出猎时穿。赫哲人的“温得”一般外面用鹿腿的皮拼成，衬里为短毛狍皮；靴底为野猪皮，靴口以水獭皮为绲边；用鹿筋线缝成，美观而且坚固。赫哲男人喜庆节日配盛装穿用。凌纯声先生配图介绍了鹿腿皮长靴、鹿腿皮靴和鹿胫皮短靴。黑龙江省民族博物馆、

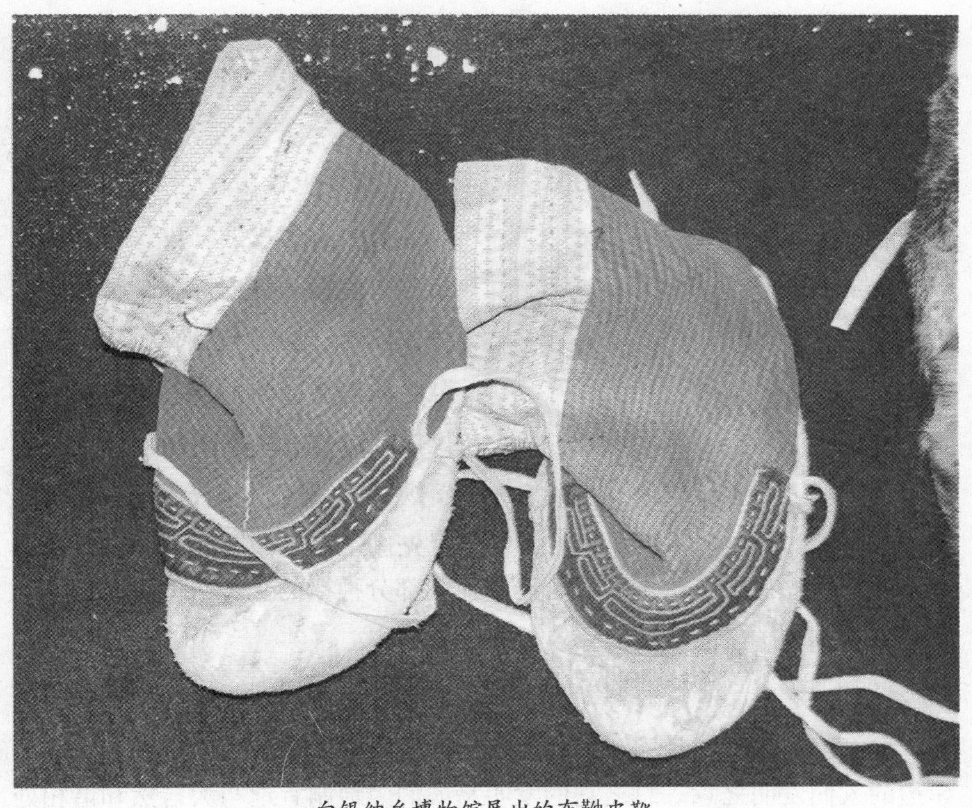

白银纳乡博物馆展出的布勒皮靴

黑河爱辉纪念馆、呼伦贝尔鄂温克民族博物馆和俄罗斯特罗伊茨科耶地方志博物馆收藏和展出的鄂伦春、鄂温克和那乃的“温得”，靿口都有精美的纹饰，确实望之令人生爱。阿依努人的虽稍显素淡，但丝毫不减温暖的感觉。

（3）皮底布（皮）靿鞋

鄂伦春语称“奥劳其”，是一种夏季穿的矮靿靴鞋。用野猪皮、熊或犴皮做底，早年用去毛的狍皮做靿，布匹传入后多用多层布纳在一起做成靿，大多在靿上绣有花纹。男女老幼都可以穿，但一般妇女更喜欢穿。黑龙江省民族博物馆、呼玛县白银纳博物馆以及俄罗斯哈巴罗夫斯克地志博物馆收藏或展出有鄂伦春、鄂温克、达斡尔和埃文基人的“奥劳其”。其

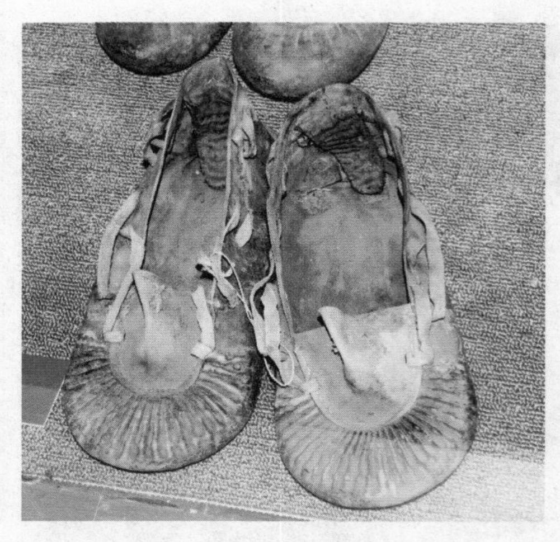

黑河陈列馆满族皮靰鞡

中哈巴馆埃文基人的，靴鞡是由去毛的狍皮制成，看上去年代已很久远了。

（4）皮靰鞡

质料有牛皮、马皮、野猪皮、猪皮、鹿皮、鱼皮等。靰鞡帮底一体，前半部抽褶与另一块皮子做的鞋脸一起缝成半圆形。这种造型不仅使之保暖、结实、轻便，还不失美观，所以在东北曾流传过一句调侃先进工作者的歇后语：“穿靰鞡迈门坎——先进者（褶）”。可见其前脸部分抽褶的优美造型给人们留下了多么深刻而美好的印象。

“靰鞡”一词，早期多被写为“乌喇”，可能源自满语的“乌喇”——河流。大概是因它最适合逐江河而居的民族穿用，或许是由江河岸边的人们发明之意。总之它的发明是人们因地制宜地与大自然和谐相处的又一明证。清初康熙侍讲学士高士奇说：松花江沿岸“塞路多石碛，复易沮洳，不可以履。缝革为履，名乌喇[①]”。意思很明确：三江流域的道路上既有很多乱石沙滩，又有很多淤泥沼泽，穿一般的鞋是不行的。赫哲满族等先民为了适应这种生存环境，就用各种皮革缝成鞋，取名叫乌喇。

8. 狍皮袜子

鄂伦春语称袜子为“道布吐恩”，赫哲语也极相近。何种质料，前面再加相应的词。冬季出猎时，套在皮靴里，保暖性增加很多。一般毛朝里穿，也可毛朝外穿。一双袜子用半张狍皮，做2天，可穿2年。凌纯声先生配图记述了赫哲人的狍皮袜：“长28cm，用狍皮两块为袜统。另缝上一底，底料亦为狍皮。式样与做法和中国布袜相同，唯缺少袜帮[②]。”黑龙江省民族博物馆、黑河新生乡展览馆和呼玛县白银纳博物馆分别有赫哲和

①[清] 高士奇：《扈从东巡日录》，（载于《长白丛书》初集，吉林文史出版社，1986.6版，第129页。

②凌纯声：《松花江下游的赫哲族》，国立中央研究院历史语言研究所，1934版，第76页。

新生乡展览馆展出的狍皮袜

白银纳乡博物馆展出的狍皮袜

鄂伦春的狍皮袜子收藏和展出。

中原地区的袜子有着漫长的发展历史，古代也是皮子做的。古写做“韤”或“韈”，均指皮质袜子，只是前者指生皮袜，后者指熟皮袜。大约到秦汉时期，袜子的质料由厚重的皮革改为柔软的布帛，也就被写成了“襪”。曹植《洛神赋》有：“凌波微步，罗袜生尘”之句，可见至迟到汉末袜子已由丝绸之类制作无疑了。

二、兽皮围子

鄂伦春语称围子为“额勒敦”，有时也特指兽皮围子；赫哲语称兽皮

为“那斯”，用兽皮围成的撮罗子就叫“那斯昂库”。

兽皮围子是黑龙江流域居住尖顶窝棚“撮罗子”的各民族民居的苫盖物之一。撮罗子的苫盖物约有5种：草或草帘、鱼皮、桦皮、兽皮和布。其中夏季桦皮用得最多，故有“庐帐千家裹桦皮”之咏。冬春秋季就是兽皮，并且是冬季必备。兽皮中因狍皮获得相对容易，因此基本是狍皮围子较多。

尖顶窝棚中的尖顶，各族人都称“撮罗”（或汉译为“楚伦”）。鄂伦春人称房子为“柱”，所以鄂伦春和鄂温克人也把他们的“木杆屋子”，称为“斜仁柱”或“楚伦柱”。赫哲人称“窝棚”为“昂库”（或汉译为“安口”、“安嘎”），所以有“撮罗昂库”之称。都是一种用20~30根5~6m长的木杆和苫盖物搭建成的比较简陋的圆锥形房屋，是鄂伦春人定居以前，在山林中游猎时的传统住所，是鄂温克人、赫哲人的重要住所之一。

撮罗子搭建过程：加柱

撮罗子的搭建，各族基本一致，就是先用几根顶端带枝杈、能够相互咬合的木杆支成一个倾斜度约60°的圆

锥形架子，然后将其他木杆均匀地搭在这几根主架之间，使之形成一个圆锥体的骨架。上面再覆以苫盖，一架夏可防雨、冬能御寒的撮罗子就建成了。撮罗子的顶端要留有空隙，以便里面生火时通风出烟，又可采光。南侧或东南还要留出一个让人进出的门。斜仁柱的内部陈设也很简单，主要是住人的铺位。铺位有两种，一种是地铺，即直接在地上铺上木头、干草、桦皮、狍皮等；另一种是床铺，即在地上立木桩，架起床。每个撮罗子一般三面住人，一面是门，当中有一火堆取暖，上面吊一口小铁锅，以便煮肉做饭。冬天，撮罗子多搭建在山坡的背风向阳处，夏天则多搭在地势较高、通风凉爽的地方。

撮罗子搭建过程：苫狍皮围子

冬天气候寒冷，多用狍皮覆盖，一架撮罗子约需狍皮五六十张。比较原始的覆法很可能是一张连一张地首尾相压苫盖，如俄国人Ｐ·马克所记载：“玛涅格尔人的冬季住房……和奥罗绰人居住的窝棚（柱、傥）别无二致……在冬天，窝棚的下部不用这种树皮，而围以鞣制过的鹿皮（半生货），外面撒上雪，鹿皮和树皮都盖在木杆上面，边缘压合[①]”。这种说法现已无从稽考，俄罗斯哈巴罗夫斯克地方志博物馆展出了一个模型，也

①[俄] Ｐ·马克：《黑龙江旅行记》，吉林省哲学社会科学研究所翻译组译，商务印书馆，1977版，第106页。

撮罗子搭建完成

仅是示意。

现在所知狍皮围子的制作方法是，一副狍皮围子由2大1小3块组成。大的每块需用狍皮25张，小的用10张，用鹿筋、狍筋或犴筋线缝连在一起；周围用染黑的薄狍皮镶边；皮板光面横向每隔约30cm、纵向每隔约100cm以及四角都缀有皮带，用以系固在木架上；朝屋内的无毛面狍皮对接处和四角都缝缀有用彩色狍皮剪刻的精美的纹饰，起到加固和装饰的双重功效。制作一副狍皮围子需一个多月时间，快的也需20多天。黑河新生乡展览馆和呼玛白银纳乡孟淑卿展示的狍皮围子都是这种制法。

狍皮围子通常单独使用覆盖整个撮罗子，有时也与其他种材质的围子配合使用，如下半截用狍皮围子而上半截用草或桦皮。狍皮围子是长期重复使用的，即所谓“住则张架，行则驮载”。

皮围子的使用可以追溯到唐代，《新唐书》记载：“室韦……所居或皮蒙室，或屈木以蘧蒢覆，徙则载而行[1]。”早年赫哲富人还用过名贵的

①[宋] 宋祁、欧阳修：《新唐书·列传第一百四十四 北狄》，中华书局，1975版。

细毛兽皮做围子，清人吴振臣曾记载：“黑斤人……所产貂皮为第一。富者多以雕翎盖屋，貂皮为帐为裘，元狐为帐[①]。”

定居以后，鄂伦春人大都已住上了宽敞明亮的砖瓦或土木结构的房屋，这种较为原始的活动性住房只有在秋冬季外出狩猎时才偶尔搭建，用以栖身或暂避风寒。赫哲人定居更早，兽皮围子在生活中已然绝迹，只在博物馆中有收藏。

埃文基皮围子

① [清] 吴振臣：《宁古塔纪略》，载于《龙江三纪》，黑龙江人民出版社，1985.10版，第240页。

新生乡展出的狍皮围子

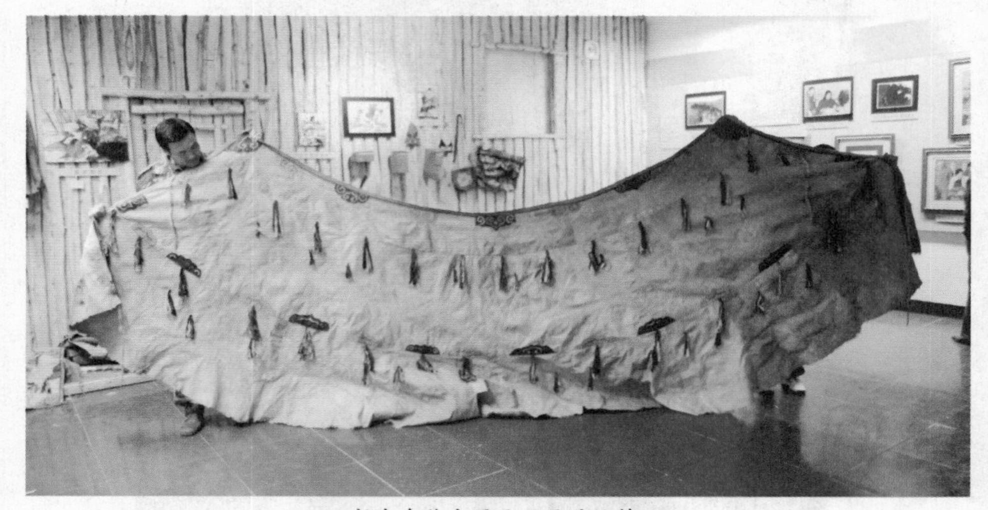

新生乡狍皮围子里面的纹饰

皮门帘，伦春鄂语称“乌鲁克”。早年用1张鹿皮，周围镶边，上面两角缀皮绳。马克记述：“玛涅格尔人的冬季住房……和奥罗绰人居住的窝棚（柱、僦）别无二致……只留下两个洞孔，一个在窝棚顶部以供出烟，一个在旁侧一对主柱之间，充作门户。门上挂着用鹿皮做的或用鱼皮缝的门帘（乌尔格奥卜通）①。”这种门帘如今已难觅其踪。后来大多

①[俄] P·马克:《黑龙江旅行记》,吉林省哲学社会科学研究所翻译组译，商务印书馆，1977版第106页。

埃文基皮壁毯

用狍皮与围子同时缝制，也就是上文中讲到的用10张狍皮的那一小块“额勒敦”。

居于俄罗斯境内的通古斯各族，或许是受斯拉夫文化的某些影响，有一种在室内挂壁毯的习俗。哈巴罗夫斯克地志博物馆展出的两幅埃文基壁毯都很精美。尤其是1896年的一幅，皮子剪贴的画面生动地反映了埃文基人原生

孟淑卿缝制的门帘里面

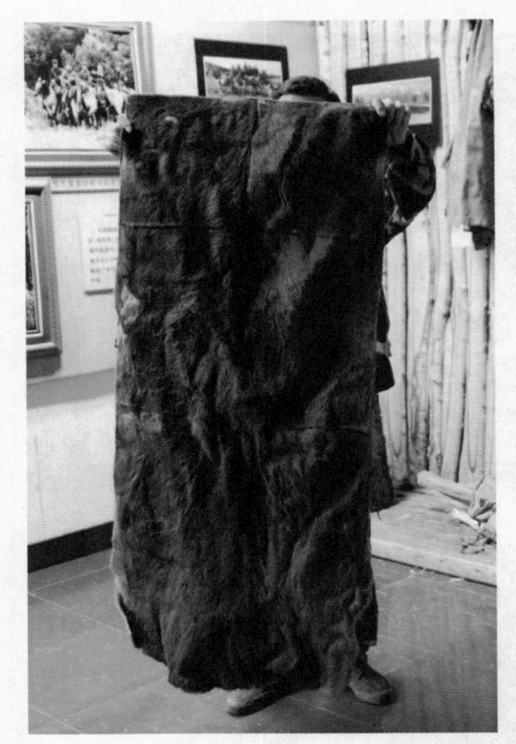

新生乡展出的狍皮门帘

态的生活场景。这幅壁毯比一般壁毯大许多，内容极其丰富，是哈巴罗夫斯克地志博物馆建馆时，埃文基人特意制作的纪念壁毯，因此在壁毯的画面上呈现了埃文基人多种原生态的生活习俗，俄文书写着“使鹿通古斯”。现在，这幅纪念壁毯已经成为极其珍贵的、颇具驯鹿文化研究价值的文物和艺术品了。

三、兽皮卧具

1. 皮褥子

鄂伦春语通称褥子为“师克吐恩”，何种皮子做的，在其前面加上该皮的名称作定语。常见的是用两张狍皮拼缝而成的：每张狍皮去掉头部，前腿与背部缝合，后腿与臀部缝合，然后将两张皮子的前部分别剪齐，对接缝在一起即成。一般不作什么装饰。俄罗斯哈巴罗夫斯克地方志博物馆展出的一件埃文基人狍皮褥子就是这种。

熊皮也可以做成褥子，但因为熊是鄂伦春人所崇拜的图腾，故熊皮褥子只允许男人使用，妇女则禁止铺垫，也不能从上面跨越。凌纯声先生配图记载了一种赫哲人的野猪皮垫褥：“长76cm，阔60cm，质料为未制过的野猪皮一块。用狍皮被窝时，作为垫褥①。”

还有一种狍腿皮褥子，鄂伦春语称“奥沙师克吐恩”，用130多条狍腿皮缝制而成，拼对的花纹古朴美观；褥边镶有狍腿皮或獾子皮或其他颜色的皮毛，讲究的还用他色皮毛镶嵌出各种图案，既实用又美观，是妇

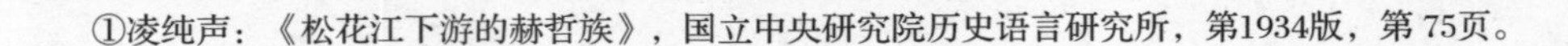

①凌纯声：《松花江下游的赫哲族》，国立中央研究院历史语言研究所，第1934版，第75页。

女们最为喜爱的一种皮褥。一般可铺五六年。黑龙江省民族博物馆、黑河新生乡展览馆收藏和展出的以及呼玛白银纳乡孟淑卿、关扣妮做的都是这种。

2. 狍皮被

鄂伦春语称被为“乌拉”，何种质料做的，在其前面加上该料的名称作定语。狍皮被是用冬季猎获的毛长皮厚的狍皮制成。形制分为两种：

关扣妮缝制的褥子

孟淑卿缝制的褥子

一种是室内用的，双人的用8张狍皮，单人的用6张；周围用染成黑色的狍皮镶边。黑龙江省民族博物馆收藏的以及黑河新生乡狍皮技艺国家级传承人孟兰杰和葛长云做的都是这种。这种被又可分为两个亚种：其一是与汉人棉被一样的普通皮被，被头还有补绣的用彩色狍皮剪刻的精美纹饰；其二是“便携皮被”，与前者的区别在于在被的无毛面缀有五六组长皮条，可以将被卷成1m多长、30cm粗的一个皮卷，用皮条扎紧。这种被适合出猎或迁徙时驮在驯鹿或马背上，是游猎民族生活经验的结晶。

另一种就是狍皮睡袋，是一种用于野外露宿的寝具，用6~8张狍皮制作，呈光面朝外毛朝里的米口袋型。一端的一个侧面留有一个约50cm的开口，口边上缀有几组系带。狍皮睡袋用法极简单：睡觉前全身钻进袋内，仅把头部露出，用系带把口扎紧，密不透风，即使露宿冰天雪地也不觉寒冷。鄂伦春、鄂温克人使用极其普遍，猎人在深山狩猎，常常是打一枪换一个地方，无暇搭盖斜仁柱的时候便在雪地露宿，故猎人特别喜欢这种睡袋。史乘和现代文献记载屡见不鲜。如“江省鹿类最繁，狍鹿为用尤多。呼伦贝尔布特哈、兴安各城诸部落，每以狍皮置为囊，野处露宿，全身入囊，不畏风雪[①]”。凌纯声先生配图记述了赫哲人的狍皮睡袋：“狍皮被窝——长181cm，完全用狍皮为质料。式样为圆柱形，中有一缝，长

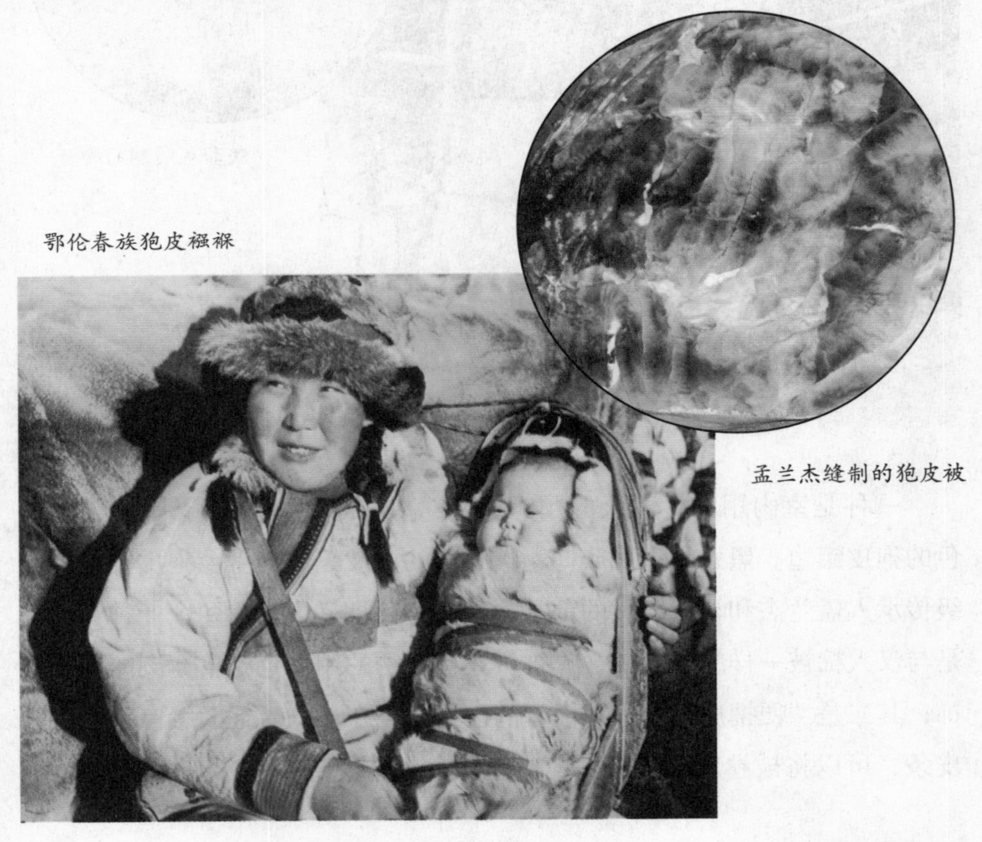

鄂伦春族狍皮襁褓

孟兰杰缝制的狍皮被

①[清] 徐宗亮：《黑龙江述略·卷六 丛录》，重庆图书馆，1963版。

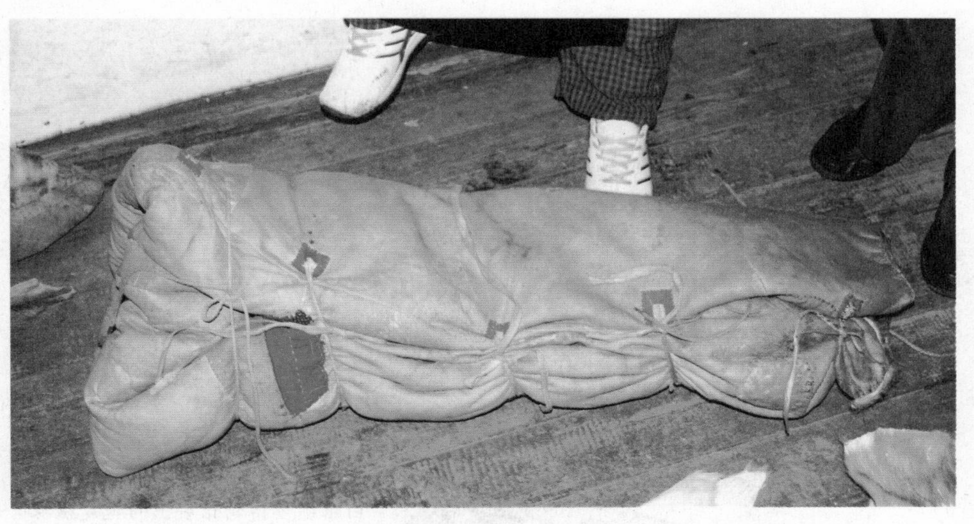

孟兰杰缝制的狍皮被

115cm，缝边都有狍皮贴边。被面上有皮带四行，以备卷捆时结扎。赫哲人严冬出猎，必携带此被，虽在野外雪地过夜，有此即可御寒[①]。”黑龙江省民族博物馆收藏有赫哲狍皮睡袋。据说二战时期欧美供士兵战时野外露宿的鸭绒睡袋，就是受了狍皮睡袋的启发或说是仿制。可以说它是黑龙江流域游猎民族与自然环境和谐相处的一项重大发明，也是对世界文明的一个重大贡献。

3. 皮襁褓

鄂伦春语称襁褓为[amaxtan]。有时又称裹被。鄂伦春人使用最为普遍，由于鄂伦春人游猎地区极其严寒，住所几乎谈不上密封，取暖方式又极原始，加之常年转徙不定，无论什么冰天雪地，婴儿也要随同父母一起转移，所以小孩从呱呱坠地开始就需用襁褓包裹严紧后再放入摇篮。皮襁褓最多的还是用狍皮制作，大致可有两种：一种是一张狍皮剪成长方形，顺向对折，缝上三边，留一边放进抱出婴儿，皮面上缀上皮条，用以扎紧。黑龙江省民族博物馆收藏的就是这种。另一种是用一整张狍皮去掉四条腿，狍头处缝一个帽兜，将孩子包裹起来，既方便又暖和。呼玛县白银纳博物馆展出的就是这种。聪明的母亲们还将朽木捣碎装在布口袋里垫在

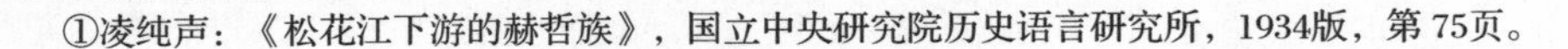

①凌纯声：《松花江下游的赫哲族》，国立中央研究院历史语言研究所，1934版，第75页。

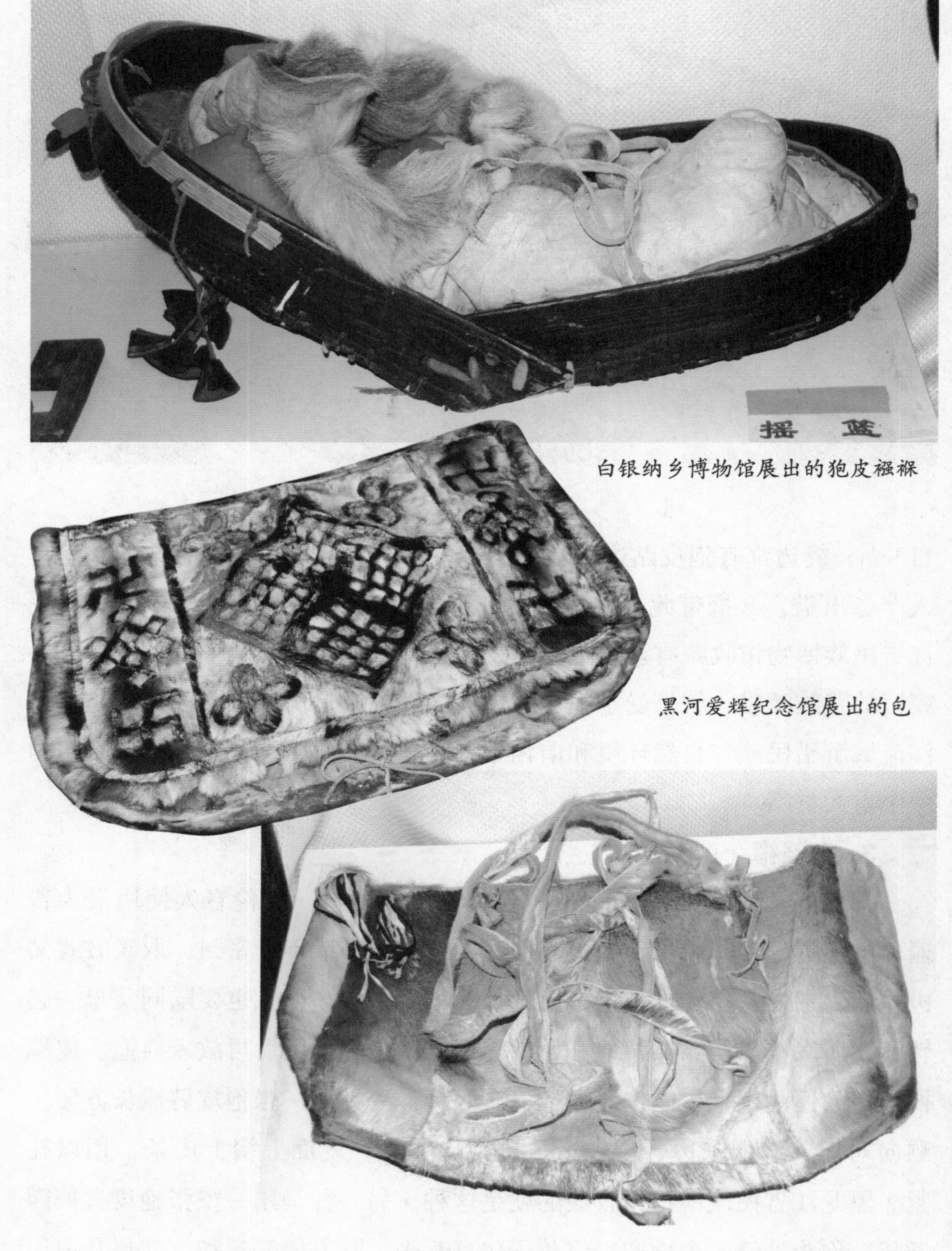

白银纳乡博物馆展出的狍皮襁褓

黑河爱辉纪念馆展出的包

白银纳乡博物馆展出的包

皮褯褓中孩子的身下，柔软而且吸水，是理想的“尿不湿”。

早年鄂伦春人外出狩猎时，为了避免孩子遭受野兽的侵害，把孩子装进熊皮兜，用犴皮索高高吊挂在树枝上，孩子在其中可安然入梦。有人认为这是摇篮的前身，若说是皮褯褓的雏形似也无何不可。

四、毛皮包

毛皮包种类繁多，粗略分有以下几种：

1. 毛皮背包

鄂伦春语称“卡皮参”。多用“红杠子”和白色的狍肚皮、灰黑色的灰鼠皮、金黄色的黄鼬皮、淡黄色带黑斑点的猞猁皮等，也可用小野猪皮、狍腿皮、獾子皮等。利用自然毛色相组合，制作时镶嵌各种几何图形、动物形象及其他花纹图案，给人一种朴实粗犷的感觉。有的背包还在皮毛镶嵌的中心部位加上一点刺绣，使作品粗犷中透出秀美，最能体现鄂伦春族镶嵌艺术。

较小的毛皮包称为“窟地”，很可能是汉语“口袋”的音转。很像一个大书包，约有一尺半宽，二尺半长，是一种专门用来盛装妇女贵重衣物的皮毛口袋，也多为姑娘结婚时的嫁妆。其上的花色、图案非常多，是鄂伦春族妇女利用各种动物皮毛的自然色彩，巧妙搭配而成的镶嵌制品。黑色的是熊皮，白色的是马皮，黄色的多为小鹿皮和狍子皮，棕灰色是犴皮。图案错落有致，色彩明快协调。有的中间部分用五颜六色的丝线绣出具有象征性的“团花”图案，如“盘肠”、“云子卷”象征吉祥，也有用植物花草纹装饰的。这些图案被外围的皮毛镶嵌衬托着，朴拙中显华贵，粗犷中有精巧，是颇具狩猎文化特征的民间手工艺品。反映了鄂伦春民族妇女的勤劳、智慧和热爱生活的美好心灵。

黑龙江省民族博物馆、黑河爱辉纪念馆、新生展览馆、呼玛县白银纳乡博物馆、呼伦贝尔鄂温克民族博物馆以及俄罗斯哈巴罗夫斯克地志博物馆收藏和展出的鄂伦春、鄂温克和埃文基的各种毛皮包可谓争奇斗艳。

呼伦贝尔鄂温克民族博物馆展出的烟口袋

呼伦贝尔鄂温克民族博物馆展出的烟包

俄哈巴罗夫斯克地志博物馆展出的包

2. 烟口袋和烟荷包

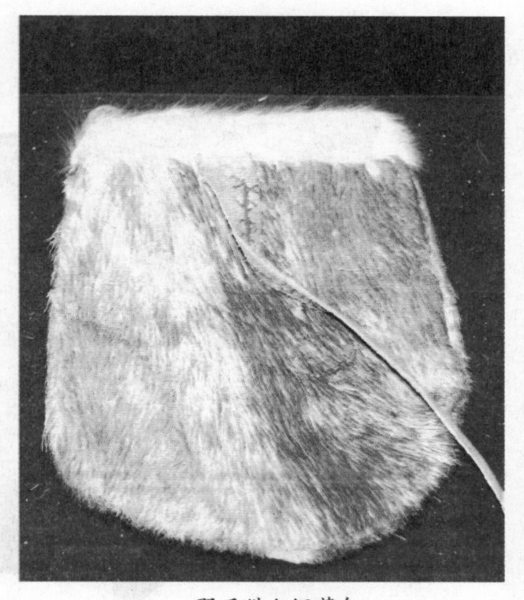

那乃猎人烟荷包

鄂伦春语称烟口袋为"乌鲁呼参"，一般用狍腿皮制作，包口处串一条绳，可以敛口，既防潮又便于携带。口部钉一根皮带，出猎时挂在腰带上或马上。每个可装烟叶3~4斤，还有火镰。鄂伦春语称烟荷包"卡巴达拉嘎"，一般用2条狍下腿皮制成，底大口小，口可抽上皮绳，上面有的绣花，出猎时同烟袋一起别在腰带上。

黑龙江省民族博物馆、呼玛县白银纳乡博物馆、呼伦贝尔鄂温克民族博物馆和俄罗斯哈巴罗夫斯克地志博物馆收藏和展出都是皮烟口袋和烟荷包的精品。

可能出于驱赶毒蛇和蚊虻侵扰的需要，黑龙江流域各民族吸烟的喜好极其普遍且历史久远，甚至不论男女，甚或儿童。民间流传相当广泛的谚语"东北三大怪：窗户纸糊在外，大姑娘叼个大烟袋，养活孩子吊起来"，其中间一怪——姑娘抽烟；还有过去某些嗜烟到痴迷程度的赫哲人"在山中打猎，有时携带的烟叶吸尽，则采取一种植物名山白菜（'狍子耳朵'）的为代替……先以菜叶晒干再揉成如烟末吸之[①]"，都是极其形象的诠释。俄国人马克则说得更直白，他说他在黑龙江下游左岸德楞（按：曾是清政府接收贡貂和赏乌绫的行署衙门所在地）附近一个村庄别兰看到，"不仅男女无不吸烟，甚至孩子们也吸，譬如有一个四岁的小女孩，一会跑到父亲跟前，一会跑到母亲跟前，从他们嘴里将烟袋拿来吸几口[②]。"

曹廷杰在《西伯利东偏纪要》中所记的"黑斤……好淡巴菰[③]"中的

---

①凌纯声：《松花江下游的赫哲族》，国立中央研究院历史语言研究所，1934版，第70页。

②[俄] P·马克：《黑龙江旅行记》，吉林省哲学社会科学研究所翻译组译，商务印书馆，1977版，第304页。

③[清] 曹廷杰：《西伯利东偏纪要》，载于《曹廷杰集·上册》，中华书局，1985版，第118页。

那乃猎人针线包

“淡巴菰”即烟叶，清光绪年间编纂的《黔江县志》载：“烟叶，药属，又名‘淡巴菰’。”是西班牙语tabaco的译音。

由于嗜烟的普遍，“装烟”成为一种礼节。但是强迫装烟，则是侮辱。清人杨宾曾经讲述了一个亲身经历的故事：“宁古塔有七庙，……曰既济庙，在城西北百步，祀龙王、火神。僧名天然，李其姓，河南诸生也。甲寅、乙卯间，以逆党为阿机奴，妻年少绝色，主者呼之装烟，不应，自缢死，天然遂下发为僧。余父怜之，为梅勒章京言，属守庙①。”可见，如被强迫装烟，就被视为一种莫大的侮辱，以致虽沦为奴隶，为维护自身尊严，竟以悬梁自尽相抗争。

当然，更普遍的是把装烟作为一种尊敬和亲昵的表示。清人西清记载：“达呼尔敬客，以烟为最。客或自吸烟，遽掣其筒于口，装己烟以进，礼也②。”说的是达斡尔人以敬烟作为待客的最隆重礼节，即使是客人正在吸着自己的烟袋，也会突然拽过来，装上自己包里的烟再递还客人

①[清] 杨 宾：《柳边纪略》，载于《龙江三纪》，黑龙江人民出版社，1985.10版，第86页。
②[清] 西清：《黑龙江外记·卷八》，中华书局，1985 版。

享用。他接着讲了一个令人哭笑不得的故事：将军庆成遭和珅陷害被遣戍黑龙江，刚到齐齐哈尔时，买来一车柴火，他的仆人刚刚点上一锅烟一边吸一边指示把柴火堆到什么地方，忽然卖柴火的人从他嘴里把烟袋拽了过去，这个仆人以为是抢他的烟袋，当即怒气大发，把卖柴人打了一顿。其不知这位卖柴的是个达斡尔人，想要尽力表达礼节反而受到一番屈辱。

同样，赫哲族家家一进门主人要给“装烟”，以示欢迎。幼辈给长辈装烟视为孝敬。结婚仪式上，新娘要给公婆“装烟”。长辈因事盛怒时，晚辈装烟敬上以平怒气。订婚仪式上，未婚妻要给未婚夫装烟以示情爱。

3. 针线包

鄂伦春语称“卡布吐如嘎”，质料和形状与烟荷包基本相似。妇女们腰间除了佩挂一个烟荷包之外，常常是比男人多一件针线包。

黑龙江省民族博物馆收藏有一件赫哲族皮针包，由两部分构成：包体呈鼻头形，套盖呈钟形，包体上半截插在套盖内形成一个整体。长、宽、厚分别为7cm、4cm、0.5cm。造型新颖别致，反映了赫哲妇女的艺术想象力和工艺水平。俄罗斯哈巴罗夫斯克地志博物馆展出的1950年征集的那乃人针线包注明是猎人所用。那乃人与鄂伦春人习俗有所差异，那乃人在远离妻子出猎时大概要随身携带针线包，以便自己缝补衣物。这种差异

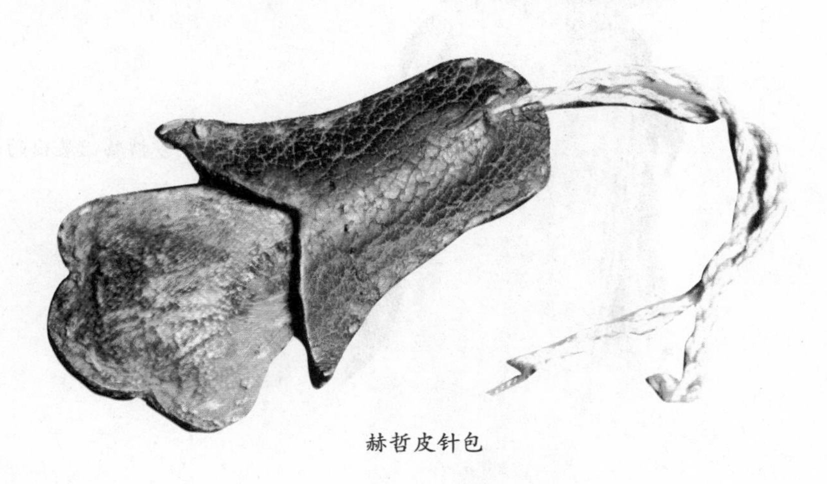

赫哲皮针包

可能是经济活动形式的不同造成的：鄂伦春是游猎民族，出猎大都是举家搬迁，夫妻相离不远，甚至女人打猎也是司空见惯，针线活大都由女人包揽；而赫哲人定居者居多，未见有女人参加狩猎的记载，一般男人出猎女人大都不是随行而是留守，也许此时男人的缝补由自己承担，或许是女人送的纪念物品。

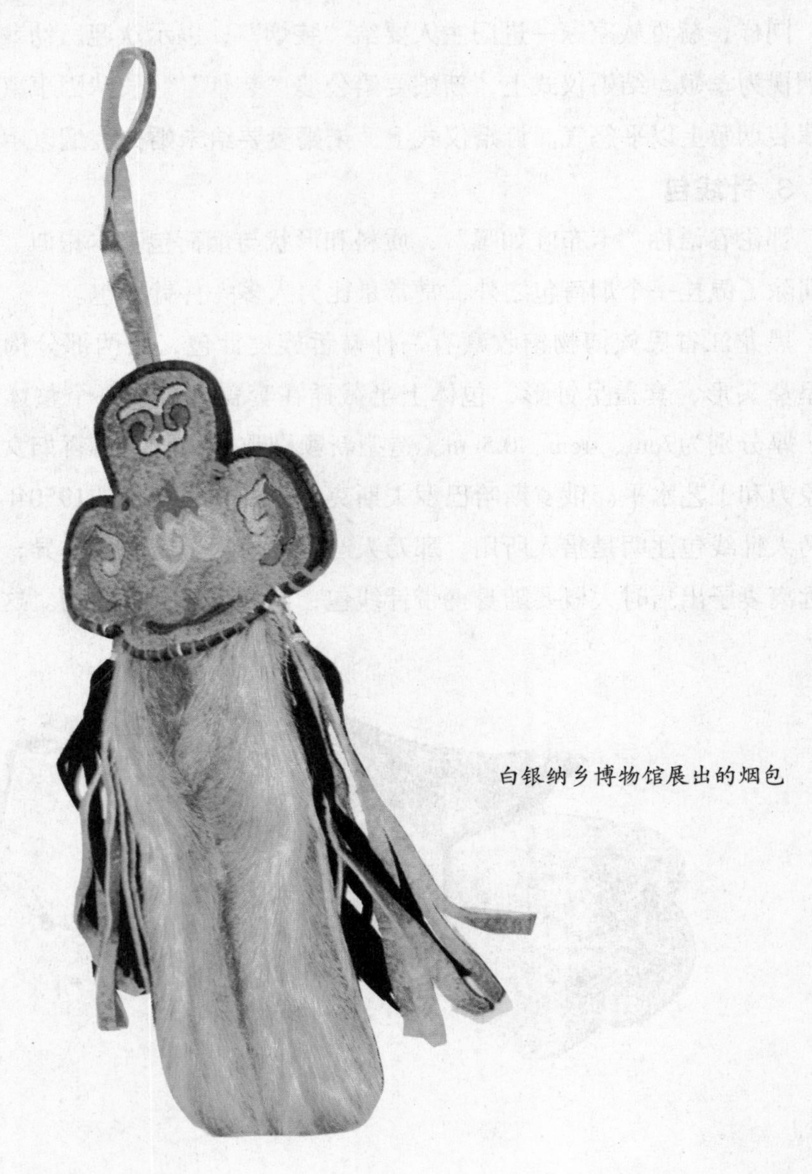

白银纳乡博物馆展出的烟包

第三章 经济活动未曾或缺

一、兽皮船

鄂伦春语称船为“蒙哥”，何种材质造的船前面冠以该材料名，如犴皮船称“波尤赫瑟蒙哥”，鹿皮船称“库马哈赫瑟蒙哥”。

对于兽皮船最明确的记载见于《鄂伦春族风俗志》，其上记述：“犴（或鹿）皮船是鄂伦春族在山里为渡河泊而制作的临时性的运输工具。其做法是把新打到的整个大犴或鹿皮毛朝外做成船形，然后晾晒，晒干后不易变形时就可以下水使用了。其载重量很大，一次能装载三四百斤重的物品，能乘坐二三个人。这种船不怕碰撞，但一次使用的时间不能过久，至多用半天左右，时间久了，犴（鹿）皮就会浸泡变软[1]。”赵复兴先生描述时说成是皮筏子，其实已经具备了船的基本形状，称为兽皮船也并不为过。他说：“鄂伦春族是用犴皮或鹿皮制作皮筏子。据何青花谈，在她五六岁时，他们‘乌力楞’有位蓝眼睛爷爷，每当他去附近小河捕鱼时，都是背着他的皮筏子到河边。吴双林也告诉笔者，原居住在古里地区的鄂伦春人，日本投降前还有人家使用皮筏子。何青花说，在50年代他们出猎中要过河，但没有交通工具，就是用打到的犴皮制作皮筏子驮运猎物过河的。制作兽皮筏的方法：砍来松木或桦木杆，把皮去掉，将其捆成一个椭圆形的圈，顺长绑两根凹形杆，横下再绑四根凹形杆，凡是需要捆绑之处，均用王八柳捆绑，这样就把皮筏架制作好了。在架上覆以刚猎取的一整张犴皮或鹿皮，在皮子边缘穿孔，用较细的王八柳缝在舷上。夏天，晾一天，皮子就会干透，在骨架上绷得很紧，这时就可使用了。划兽皮筏

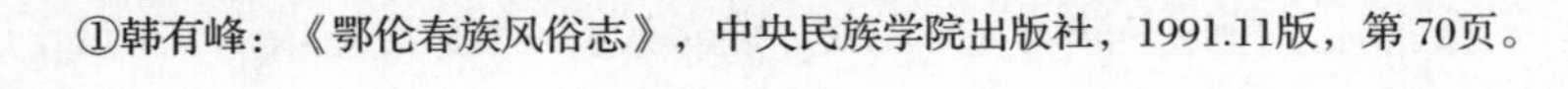

①韩有峰：《鄂伦春族风俗志》，中央民族学院出版社，1991.11版，第70页。

子，是用两只短桨，也可以用手划水①。”一个椭圆形的木杆圈，再绑上两顺四横的下凹的木杆，俨然一个船的骨架。再缝上一张兽皮，就是一条地道的兽皮船了。

《黑龙江外记》和《黑龙江志稿》用相似的词句描述了今嫩江地区土著的兽皮船：“扎哈，小舟也，以皮革或桦皮为之，较威呼尤轻捷，载受两三人。陆行载于马上，遇水用之以渡。相传墨尔根察边者遇江涨，协领那里勒泰以马革为扎哈径渡，盖取法于土人也②。”

鄂伦春人使用兽皮船历史悠久，可以追溯到他们的远祖。《北史·室韦传》就有记载：“南室韦……或有以皮为舟者③。”

其实，犹如兽皮衣是人类童年的共同衣着一样，兽皮船曾是人类早期共同的水上交通工具。姑且不提历史上的爱斯基摩人的兽皮船，单就我国境内东西南北各少数民族乃至汉族都曾使用过兽皮船：

北方，《后汉书》记载：永平“八年……秋，北虏果遣二千骑候望朔方，作马革船，欲度迎南部畔者，以汉有备，乃引去④”。《晋书》记载：晋太元十七年（392年）六月，后燕成武帝慕容垂在今河南浚县一带讨伐叛臣时，在黄河边“遂徙营就西津，为牛皮船百余艘，载疑兵列杖，溯流而上⑤”。

西北，《后汉书》记载：护羌校尉邓训在青海湟中一带“缝革为船，置于箄上以渡河，掩击迷唐⑥”。这是汉人使用兽皮船的最早记录。《北史》记载：“西夷之别种……附国有水阔百余丈，并南流，用皮为舟而济⑦。”《新唐书》记载：东女……羌别种也……以女为君，居康延川，岩险四缭，有弱水南流，缝革为船⑧。”

西南，《水经注》记载：“益州叶榆河……过不韦县……汉建武二十三年，王遣兵来，乘革船南下⑨。”唐代诗人白居易，在记述川滇交界的少数民族由边陲到国都长安的诗《蛮子朝》中有“泛皮船兮渡绳桥，来自巂州道路遥”之句。《蛮书》记载：“云南蛮界……泸江，乘皮船渡泸水从河子镇至末栅馆五十里，至伽毗馆七十里，至清渠铺八十里，渡绳

---

①赵复兴：《鄂伦春族四种古老的水上交通工具》，载于《内蒙古社会科学 文史哲版》，1992年第2期。

②[清] 西清：《黑龙江外记·卷四》，中华书局，1985 版。张伯英总纂：《黑龙江志稿·卷六》，黑龙江人民出版社，1992.5版。

③[唐] 李延寿：《北史·室韦传》，中华书局，1974.10版。

④[南朝 宋] 范晔：《后汉书·南匈奴列传第七十九》，中华书局，1965.5 版。

⑤[唐] 房玄龄：《晋书·载记第二十三 慕容垂》，中华书局，1974.11版。

⑥[南朝 宋] 范晔：《后汉书·邓寇列传第六》，中华书局，1965.5 版。

⑦[唐] 李延寿：《北史·卷九十六列传第八十四》，中华书局，1974.10版。

⑧[宋] 欧阳修 宋祁：《新唐书·列传第一百四十六上·西域上》，中华书局，1975版。

⑨[北魏] 郦道元：《水经注·卷三十七·叶榆水》，贵州人民出版社，2008.9版。

桥[①]。”为白诗做了一个真实的诠释。《元史》记载：元宋争夺四川时，“叙州守将横截江津，军不得渡，（契丹人石抹）按只聚军中牛皮，作浑脱及皮船，乘之与战，破其军，夺其渡口，为浮桥以济……宋军屯万州南岸，（汪）世显即水北造船以疑之，夜从上游鼓革舟袭破之，宋师大扰[②]。”清代的杨揆在随福康安“保藏驱廓”期间撰写了百余首吟咏藏地风土人情、大好河山的《桐华吟馆卫藏诗稿》，其中《皮船》诗中写道：“番人夸荡舟，舟小殊渺么。外圆裁皮蒙，中虚截竹荷。浅类笆可盛，欹讶筐欲簸……俄惊层波掀，真拟一壶妥。”四川《阿坝州志》中记载：“大金川……曾有危楼庙宇建于半壁悬崖上……有香客作《刮耳岩危楼》一诗：登道勾连一线通，危楼百尺挂河东。绝无虎豹眠岩畔，应有鱼龙住水中。石栈云摇飞阁动，皮船人语碧潭空。多情最是舟前月，映彻深渊佛火红……卡拉塘渡口岩壁刻诗《金川渡》道：春水桃花激箭流，截江一叶晓风遒，皮船曾触惊涛险，炊黍时中百里游[③]。”泉州海外交通史博物馆展出有征集于西藏雅鲁藏布江的牛皮船。

泉州博物馆展出的西藏牛皮船

①[唐] 樊绰撰：《蛮书·卷一 云南界内途程第一》，中国书店，1992.7 版。
②[明] 宋濂：《元史·列传第四十一》、《元史·列传第四十二》，中华书局，1976版。
③阿坝藏族羌族自治州地方志编纂委员会：《阿坝州志（全三册）》，民族出版社，1994.10版，第 2212~2213页。

中原，《资治通鉴》记载：周世宗显德三年（公元956年），赵匡胤率宋军在今安徽淮南一带进攻南唐时，“三月，甲午朔……太祖皇帝乘皮船入寿春壕中①。”

兽皮船很可能是由更古老的水上交通工具皮囊——“浑脱”演变而来，有船舶史研究人员认为：“‘作马革船’和‘缝革为船’，与皮囊相比较则是更为高级的浮具，可见皮囊的出现将较公元初年更为久远……应用皮囊的地区，在我国主要是在黄河和长江的上游。皮囊制作简单，应用时携带方便，更不怕浅水、激流和险滩。我国在许多少数民族地区都有过使用皮囊的经历，这些少数民族有羌族、藏族、回族、蒙古族，彝族、纳西族、普米族等等……迄今在我国的西北和西南的少数民族地区，使用皮囊的事例仍有所见②。”泉州海外交通史博物馆展出有9只“浑脱”构成的皮筏。

北方和黑龙江流域各族的兽皮船，由于地域使然，可能蒙古族“皮

泉州博物馆展出的羊皮筏

①[宋] 司马光：《资治通鉴·卷第二百九十三》，北岳文艺出版社，1995.6版。
②席龙飞编：《中国造船史》湖北教育出版社，2000.1版，第9页。

袋”的遗传基因更多一些。英国人约翰·普兰诺·加宾尼在其《蒙古史》中这样描述皮袋渡河：“当他们行军遇到河流时，就以下面的方法渡河，即使河是宽阔的，也是如此。贵族们有一张圆形的轻皮，他们在这张皮周围的边上做成许多圈，以一根绳穿过这些圈，把绳抽紧，就做成一个皮袋。他们把衣服和其他物件放入皮袋，把袋口捆紧，把马鞍和其他硬的东西放在皮袋上面，人也坐在上面。渡河时，他们把皮袋系于马尾，派一个人在前面同马一起游水，以便牵着马前进。有的时候，他们有一对桨，他们就用桨把皮袋划到对岸，这样就渡过了河。用这种办法渡河时，他们把所有的马赶入水中，由一个人在最前面的一匹马旁边游水，牵着这匹马前进，其他的马都跟随着它。不论是狭窄的河还是宽阔的河，他们都用这种办法渡过去。较为贫穷的人有一个牢固地缝合起来的皮袋——这是每个人都需置备的——他们把衣服和他们携带的一切东西都放在这个皮袋里，把袋口捆紧，把皮袋挂在马尾上，按照上述方法渡河①。”

关于“浑脱”，古今史乘多有记述，我们这里不再赘述。只是“浑脱”虽较兽皮船更加古老，但其迅捷并不逊于后者。明嘉靖年间文学家、戏曲作家李开先在其《塞上曲》中有“不用轻舟与短棹，浑脱飞渡只须臾”之句，是其生动写照。

二、皮质鞍辔

1. 皮裹鹿鞍和皮鹿鞍垫

驯鹿，曾在现居我国内蒙敖鲁古雅的使鹿鄂温克人和现居俄罗斯境内的埃文基人生活与生产中起着非常重要作用。它不仅是他们唯一的交通工具而且也是主要的生产工具之一。驯鹿的载重能力很强，一般能驮载32~48kg。鄂温克（埃文基）人常年随着猎场的变迁而不断地游动，没有驯鹿帮助搬家，猎人们不可能背着自己的家和两、三个月的口粮去打猎。在山中打到野兽，没有驯鹿也是无法带回家的。车马行不通的泥泞易陷的密林、沼泽地带，驯鹿都能通行，游猎中妇女、儿童和老人都可乘用。游

①[英] 道森编、吕浦译、周良宵注：《出使蒙古记·约翰·普兰诺·加宾尼著〈蒙古史〉》，中国社会科学出版社，1983.10版，第34页。

鄂温克皮鹿鞍

鄂温克皮鞍垫

猎的深山密林往往在远离交易市场几百里以外，他们所需的生活用品全靠驯鹿驮运。所以鄂温克人常说“我们在山中游猎，除了靠猎枪，还靠驯鹿，二者缺一不可[①]”。

驯鹿不仅是生产资料而且也曾是生活资料，冬秋季节打不到野兽时就要杀驯鹿吃肉充饥；驯鹿的奶营养价值很高，喝奶茶必不可少；驯鹿的皮可做褥子；腿皮可做靴腰；小崽的皮可做小孩衣服。

①全国人民代表大会民族委员会办公室编：《内蒙古自治区呼伦贝尔盟阿荣旗查巴奇乡索伦族情况》，全国人民代表大会民族委员会办公室1957版，第41页。

鄂温克皮鹿鞍

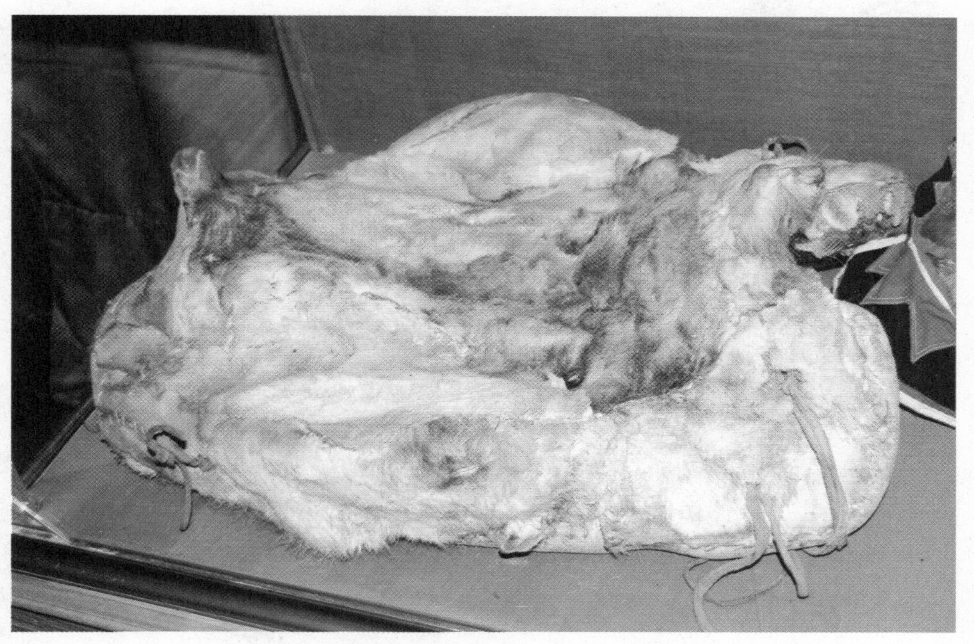

埃文基皮裹鹿鞍

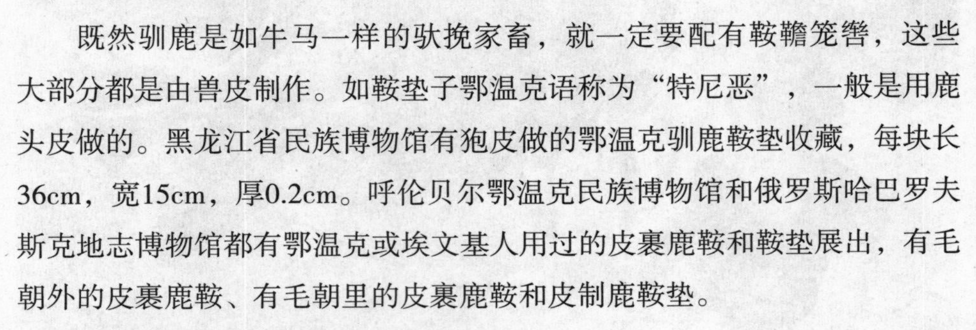

驯鹿除生产及生活上使用之外，还是礼仪物品，用于结婚嫁妆、亲友赠礼、萨满献祭等。

既然驯鹿是如牛马一样的驮挽家畜，就一定要配有鞍韂笼辔，这些大部分都是由兽皮制作。如鞍垫子鄂温克语称为“特尼恶”，一般是用鹿头皮做的。黑龙江省民族博物馆有狍皮做的鄂温克驯鹿鞍垫收藏，每块长36cm，宽15cm，厚0.2cm。呼伦贝尔鄂温克民族博物馆和俄罗斯哈巴罗夫斯克地志博物馆都有鄂温克或埃文基人用过的皮裹鹿鞍和鞍垫展出，有毛朝外的皮裹鹿鞍、有毛朝里的皮裹鹿鞍和皮制鹿鞍垫。

2. 皮制笼头、肚带和绊子

鄂温克语称驯鹿笼头为“乌嘿”； 肚带又叫胸带，称为“特卡布

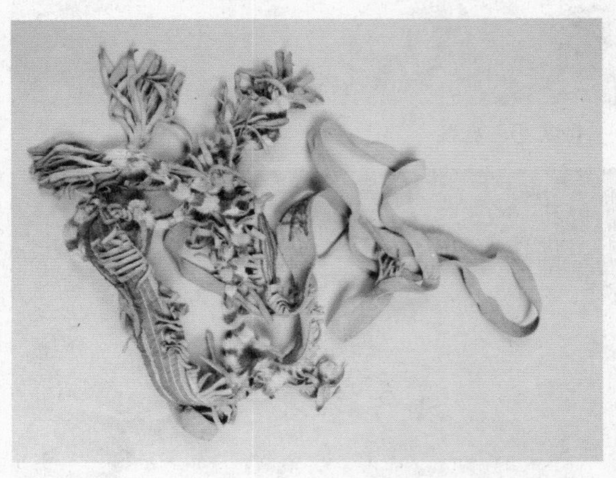

驯鹿笼头

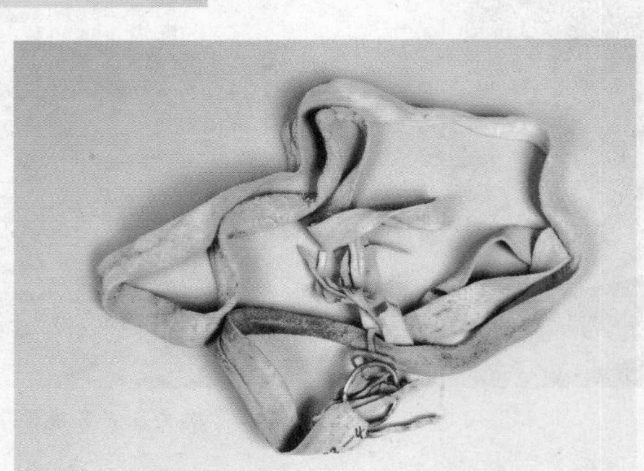

驯鹿肚带

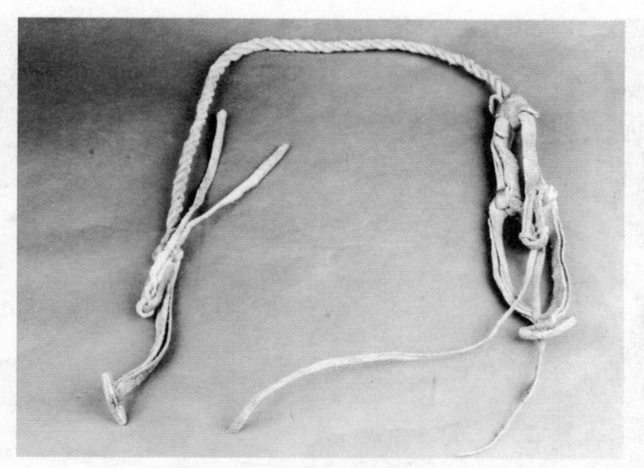

鄂伦春马绊子

腾”。一般都是用犴背皮制作。黑龙江省民族博物馆收藏有鄂温克皮制驯鹿笼头和肚带，肚带与绑绳连为一体，由皮子制成，宽约4cm，长240~295cm不等，带子的一端拴有直径6.5cm的铁圈一个，更便于绑扎紧固。

绊子是为使牲畜不能快跑而系在腿上的一种特制短绳。鄂温克语称驯鹿绊子为“特拉也布特”，一般是用犴背皮或桦木皮制作。

古今史乘记载表明，鄂伦春人也曾使用过驯鹿。《龙沙纪略》载：“鄂伦春无马多鹿，乘载与马无异，庐帐所在皆有之。用罢任去，招之即来[①]。”乾隆御制诗《驯鹿歌》记：“乾隆十年，宁古塔将军巴灵阿奏进东海使鹿部所产驯鹿，胜负载似牛，堪乘骑似马，依媚于人乃又过之。”诗中一段描写是这样的：“其民太古复太古，穴为居室鱼衣服。比来入化职贡皮，副以驯麋厥角曲。招之即来麾之去，锦鞍可据箱可服[②]。”《黑龙江外记》载：“四不像，亦鹿类，俄伦春役之如牛马，有事哨之则来，舐以盐则去，部人赖之不杀也[③]。”《朔方备乘》载：“东海有使鹿俄伦春部落，……钦定皇朝通志云：‘驯鹿东海鄂罗奇稜部所产牝亦有角，与常鹿稍异，胜负载似牛，堪乘骑似马，依媚于人’[④]。”《东三省政略》载：“复有山中鄂伦春所使者，彼名曰沃利恩，俗名四不像子。角有数歧

①[清] 方式济：《龙沙纪略·风俗》，载于《龙江三纪》，黑龙江人民出版社，1985.10版，第220–221页。

②香山公园管理处编：《清·乾隆皇帝咏香山静宜园御制诗》，中国工人出版社，2008.9版，第364页。

③[清] 西清：《黑龙江外记》，卷四、卷五、卷六、卷八，中华书局，第1985 版。

④[清] 何秋涛：《朔方备乘·卷二十九 北徼方物考》，文海出版社，1964.7 版。

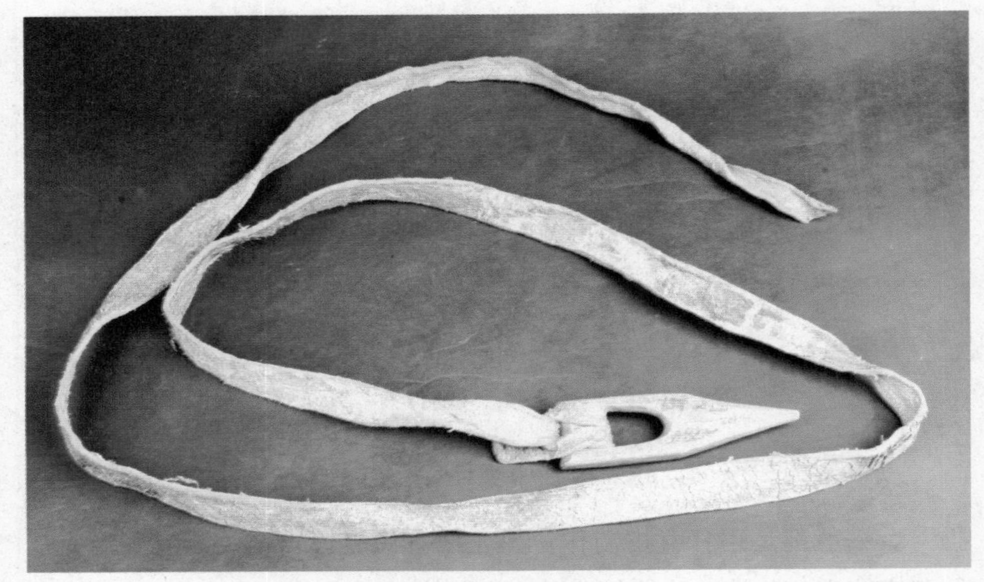

鄂伦春马驮垜子绑带

似鹿，蹄分两瓣似牛，身长色灰似驴，其头则是鹿非鹿，似牛非牛，宽额而长喙，毛甚丰，能负重百余觔。鄂伦春人驯畜之，用时以木击树，闻声即来，饲以苔；用毕则纵之使去，即游山中[①]。”也就是说，有清一代，鄂伦春人都在使用驯鹿。并且，从上述可知，清末时虽然“鄂伦春人驯畜之”，但仍沿袭“用毕则纵之使去”的饲养方法。再后来，包括鄂温克人在内，虽仍“用毕则纵之使去”，但已经不想让它们走得太远了。于是，限制它们奔跑速度的鹿绊子应运而生。后来失去鹿而改用马的鄂伦春人，仍旧从不喂马，即使冬天大雪覆地时，也是把马放到山谷里自己找草吃，用时现抓。也同样使用马绊子限制它们跑远。

波•少布先生介绍了鄂温克人的“马绊：鄂温克语称‘希德勒仁’。是绊马的一种工具，用皮绳制造。有绊两个前腿的，称两腿绊；有绊两个前腿和一个后腿的，称三腿绊。绊马时将马绊的皮套扣在马蹄与腿球节连接的部位，马绊两腿之间的长度以能迈开半步为准。马绊主要用于乘马。牧马人为了使乘马不远离自己，用时随时能抓到为目的[②]。”

---

①徐世昌撰：《东三省政略・卷一边务》，文海出版社，1965.12版，第1473页。
②波・少布：《黑龙江鄂温克族》，哈尔滨出版社，2008.6版，第242页。

黑龙江省民族博物馆收藏有鄂伦春皮制三腿马绊子，由狍脖子皮制成，通长162cm，宽2.8cm，在每个蹄套的端部装有一个鹿骨制成的锁扣，用以调节蹄套的大小，使蹄套松大时套进马蹄，然后收紧箍住马蹄。

马除了供打猎骑乘之外，用于驮载也是经常的。鄂伦春人过去的游猎生活使之经常迁居，家具、食物甚至“房屋”都要随带，这些物品就垛在马背上，叫做驮垛子。为了长时间在崎岖的山路上行走不致使驮垛子的物品散落，必须将其与马背绑紧在一起。绑驮垛子的绳一般用皮条代替。黑龙江省民族博物馆收藏有鄂伦春人用过的绑驮垛子犴皮条，长213.6cm，宽2.7cm，一端装有中间带孔的箭头形白桦木棱一个。皮条围住驮垛子和马肚子一圈后，皮条穿进木棱的孔，以便拽紧，然后将木棱别在马背侧面与皮条之间，使其不能松缓。

皮绳除犴皮条之外，还常用狍子脖子的皮作。除了用作驮垛子绳外，在黑龙江流域各民族的生产生活中使用非常广泛，如缰绳、狗拉雪橇的挽套和狩猎背夹子的绑绳等等。猎人在深山中跟踪追逐野兽时，有时既不能骑马也不能牵鹿，只能徒步行走，有时要走一两天甚至更长时间，就必须随身携带食宿物品。为了腾出双手，随时准备放箭、投枪或射击，于是就有了背夹子的诞生。俄国人马克记述：果尔特人（赫哲）“为了便于将食物和打死的野兽从一地搬运到另一地，猎人还带一个手拉小雪橇或特制背架，这种背架由薄板做成，用皮带挂在肩上，靠在背后，因而不妨碍双臂活动。背架非常适用，甚至可以用来背运打死的很大的野兽①”。为了使背夹子背在身上既结实耐用又不勒伤肩膀，通常背夹子带都采用较宽的皮带。从呼伦贝尔鄂温克民族博物馆和俄罗斯哈巴罗夫斯克地志博物馆展出的鄂温克和埃文基人用过的背夹子上都可以明显感觉出来。

三、运输盛器

1. 驯鹿驮箱、搭子和马搭子

无论在鹿背还是马背上驮载零星物品，最稳便的办法就是装在某种

①[俄] P·马克：《黑龙江旅行记》，吉林省哲学社会科学研究所翻译组译，商务印书馆，1977版，第285页。

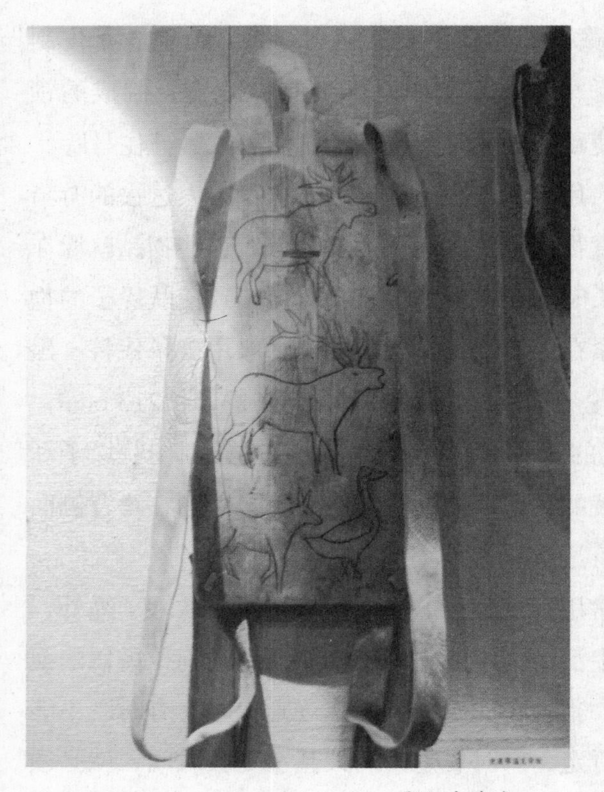

鄂温克背夹

容器里，然后对称地搭在牲畜背上，这就是聪明的猎民们发明和经常使用的驯鹿驮箱、搭子和马搭子。驯鹿驮箱有的是用桦皮制作，也有很多在桦皮胎或其他薄木板胎的外面包裹一层兽皮。黑龙江省民族博物馆收藏的和呼伦贝尔鄂温克民族博物馆展出的都是在薄木板胎外裹的狍皮。

如果想要搭上零星货物之后再骑上人，就要把盛物容器做成软胎的——搭子。鄂温克语称驯鹿搭子为“音马克”，一般用犴腿上部的皮制作。俄罗斯哈巴罗夫斯克地志博物馆展出的埃文基人用过的皮制驯鹿搭子还镶上了俄罗斯境内通古斯诸族特征性的黑红相间条带纹饰。

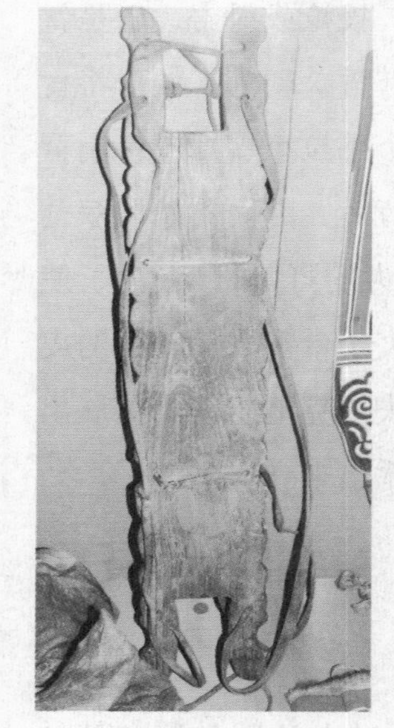

埃文基背夹

鄂伦春人失鹿使马之后，把搭子移植到了马的身上，成为马搭子，汉族人习惯叫做马褡裢。马搭子照驯鹿搭子简化了许多，至少是没有了袋盖和纹饰。把两个大皮口袋连在一起，搭在马背上使用，可以装载很多东西。缝制马褡裢的材料多为比较结实的兽皮，狍皮比较普遍。凌纯声先生配图介绍了赫哲人的马褡裢：

鄂温克皮驮箱

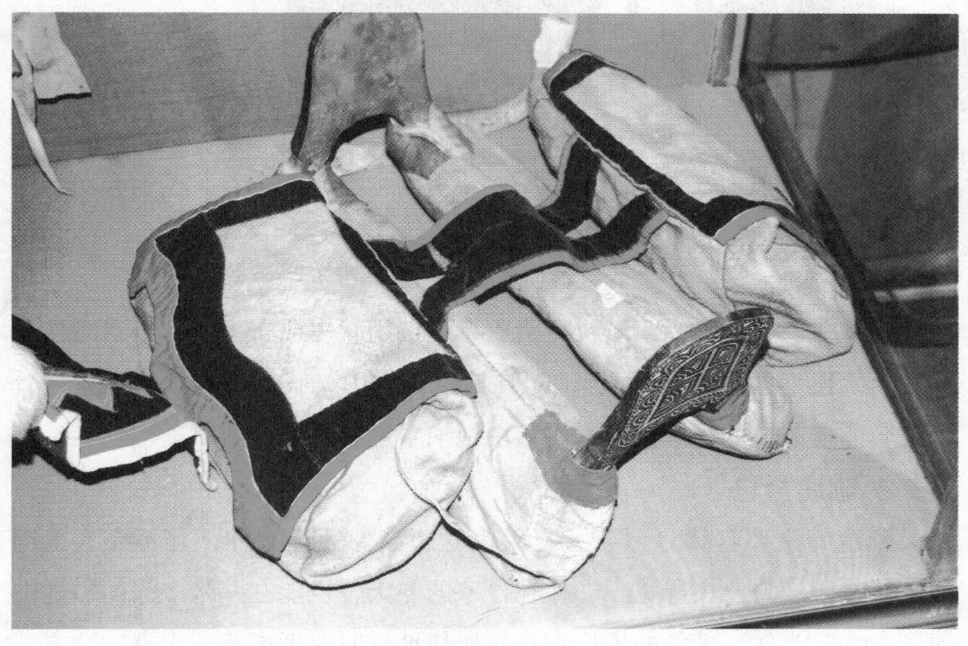

埃文基皮搭子

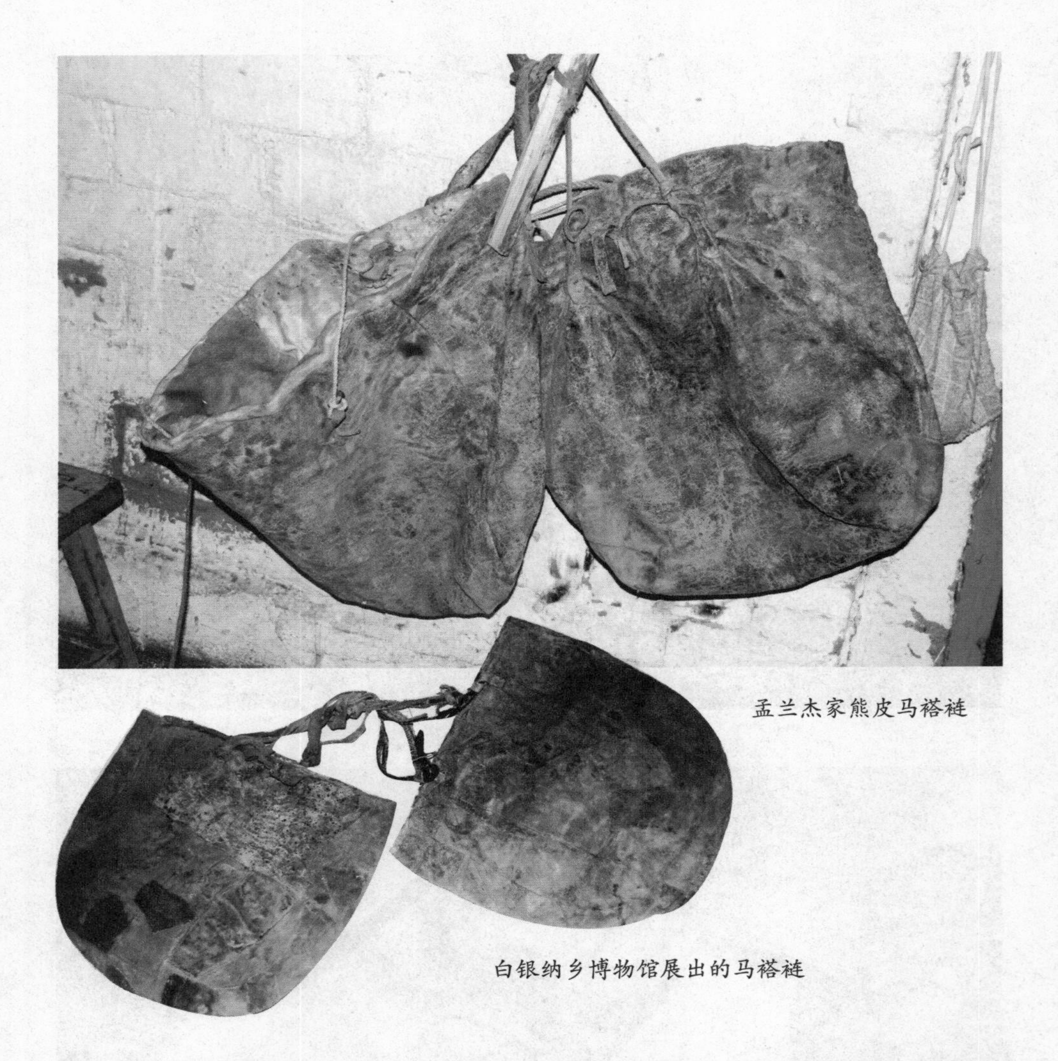

孟兰杰家熊皮马褡裢

白银纳乡博物馆展出的马褡裢

"马鞍袋——长36.5cm，质料野猪皮，袋口用软皮或布为之。出猎时挂在马背上，以盛放食料与用具①。"在田野调查中，我们在传承人家里还看到一套熊皮制作的马褡裢。呼玛县白银纳乡也有马褡裢展出。

2. 驯鹿盐包

驯鹿的主要食物是藓苔，夏天也吃蘑菇。无论哪种，并不靠人工饲喂，全是驯鹿自己去寻觅，即使在严寒的冬天，也能在一米多深的雪地中找到食物。当然，使鹿的人们在选择居住地址时要考虑藓苔丰富的地方。

①凌纯声：《松花江下游的赫哲族》，国立中央研究院历史语言研究所，1934版，第98页。

唯一需要人喂的食物是盐，特别是搬迁等需要驯鹿做重体力劳动时。所以，鄂温克人都有一个盛盐的皮口袋——驯鹿盐包。呼伦贝尔鄂温克民族博物馆展出的狍皮制驯鹿盐包上还用皮条吊缀了5只铁铃，欲喂食驯鹿时，摇铃呼鹿，驯鹿闻声而至。迁徙时，盐包挂在驯鹿身上，悦耳的铃声可以消除深山旷野的空寂。

鄂温克民族博物馆展出的盐袋

凌纯声先生配图介绍了功能与之近似的赫哲人的马料袋：“质料野猪皮，长30.5cm，无袋口边，用麻绳三条为带，以便悬在马的颈上①。”

3. 皮口袋

大皮口袋，鄂伦春语称“猛格力”，用鹿或犴腿皮制作，可盛装粮食、肉干或野果50余斤；小皮口袋，鄂伦春语称“乌塔汉”，用狍皮、狍腿皮或鹿、犴的头皮制作，能盛物品30余斤。用4条犴大腿皮或2个犴头皮需做3~4天，能用十几年。凌纯声先生配图介绍了赫哲人的皮口袋：“大皮袋——质料狍皮，袋身长48cm，软皮袋口，长26cm，皮条与粗麻绳为带，一端系有一小木棒，一端有一三角形木钩，以便负荷时紧扎②。”

①凌纯声：《松花江下游的赫哲族》，国立中央研究院历史语言研究所，1934版，第98页。
②凌纯声：《松花江下游的赫哲族》，国立中央研究院历史语言研究所，1934版，第98页。

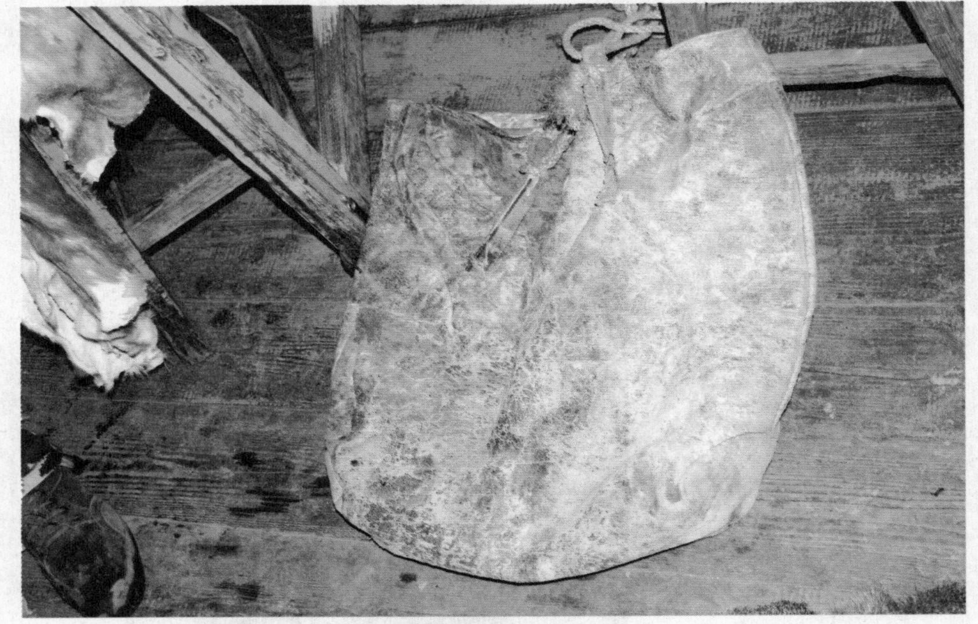
孟兰杰家皮口袋

4. 吊锅袋

黑龙江流域各民族及其先民早年食物以烧烤为主，即把猎获的野兽或鱼挂在篝火的上部明烤或埋在火堆里烘烤。如果想换换口味吃一次煮肉，就把肉切成小块装进洗净的野兽胃中加水吊在火上烤，烤时还要不时地往表面涂水，以免某个部位被烤出洞。待野兽胃烤成焦黄的时候，里面的肉也煮熟了。吃肉的时候可以连“锅”一起吃掉。后来发明了“木锅”。清人方式济记述：“东北诸部落未隶版图以前，无釜、甑、罂、瓿之属。熟物，刳木贮水，灼小石，淬水中数十次，瀹而食之[①]。”相似的还有“石烹桦皮桶”和“桦皮吊锅”。前者是用桦树皮制成桶后，将肉和水同时放入桶内，然后不断地往桶里放入烧红的小石块，这样反复操作几十次，直到将桶中的肉煮“熟”为止。后者是需用时就地取材制成一只类似“锅”形的桦皮提篮，在篮的外面糊上一层泥巴，吊在火上煮“熟”食物，食物吃完后便将锅丢弃，下次再用时再重新制作一个。可以想见，这种“熟”

①[清] 方式济：《龙沙纪略》，载于《龙江三纪》，黑龙江人民出版社，1985.10版，第215页。

仅只是断生而已。只有在铁锅（偶有铜锅）传入之后，他们才真正吃到了熟食，而且这种真正的锅里也可以煮野菜和粟黍食品了。所以锅也就成了重要的生活必需品。在定居以前，几乎全部是吊锅。因为无论是露天野炊，还是在撮罗子内，吊锅才最适合用于无灶的篝火上。迁徙时，吊锅可以与别的物品一起放在搭子或皮口袋里，但是既不污染其他物品又不被其他物品污染的最佳方法是放到皮绳编制的吊锅袋里。凌纯声先生配图记载了赫哲人的吊锅袋："现代赫哲人煮物都用铁锅……出猎时所用的吊锅，土名'哈其法'……不用时将锅放置在用皮带结成的口袋中[①]。"黑龙江省民族博物馆收藏有鄂伦春族吊锅袋，系用犴皮条编结而成，长方形网兜状，长56cm，宽36cm，网兜口一侧系一道皮提梁，便于提携和向马背上栓挂。

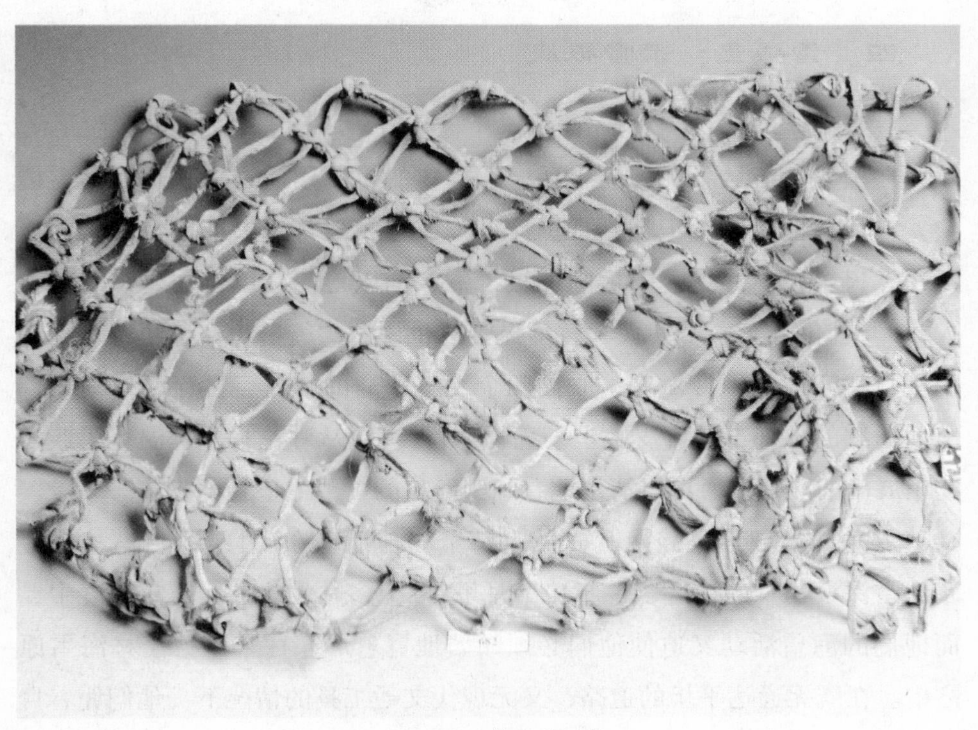

鄂伦春族吊锅袋

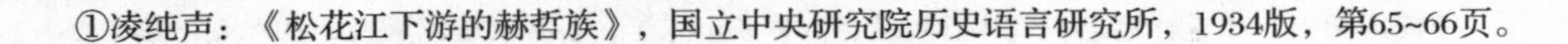

①凌纯声：《松花江下游的赫哲族》，国立中央研究院历史语言研究所，1934版，第65~66页。

鄂温克皮雪橇垫

四、雪橇垫、滑雪板底

1. 雪橇垫

在黑龙江流域各民族的生活中，兽皮的重要用途之一就是作为雪橇垫。《鸡林旧闻录》记载："黑斤……以数犬驾舟，形如橇，长十一二尺，宽尺余，高如之。雪后则加板于下，铺以兽皮，以钉固之，令可乘人[①]。"鄂伦春第一个女大学教师吴雅芝也说："雪橇（俗称爬犁）：砍两根自然弯曲的木杆做底，立插四个约三寸高的木柱，再穿两根横梁，上面搪细的木杆再铺兽皮，坐人载物都行[②]。"从呼伦贝尔鄂温克民族博物馆展出的照片上，可以清楚地看到驯鹿拉的雪橇上垫着鹿皮垫。

黑龙江流域各民族及其先民大都聚居与活动在8月结冰、"气候最寒、雪深没马"的地区，一年12个月里有8个多月大地在冰覆雪盖之中，而他们的渔猎活动又迫使他们必须频繁地冒着严寒往来穿行于林海雪原之中。在既无通达平坦的道路，又无现代交通工具的情况下，他们凭着自己的聪明智慧，因地制宜，创造出在恶劣的自然环境中制造简单、行驶灵

①魏声和等：《吉林地志、鸡林旧闻录、吉林乡土志》，吉林文史出版社，1986版，第42页。
②吴雅芝：《最后的传说 鄂伦春族文化研究》，中央民族大学出版社，2006.5版，第105页。

便、乘人载物皆宜的交通工具——雪橇。

雪橇的挽力有狗和驯鹿两种，以前者居多。《鸡林旧闻录》记载："江省辖境，有使犬、使鹿二种，以驾耙犁，与牛争先[①]。"

狗拉雪橇的发端可以追溯到久远的年代。较早见于文字记载的是宋末周密的《癸辛杂识》，其续集中专有一则标题为《狗站》，记载："巴实伯里（原作注：华言乃五国城也），其地极寒，海水皆冰，自八月稽核，直至来年四五月方解，人物行其上，如履平地，站车往来，悉用四狗挽之，其去如飞[②]。"这里的站车就是狗站配备的狗拉雪橇。为了加强对东北地区直至鄂霍次克海沿岸地区的开发和统治，金政府在黑龙江口奴儿干这样的极东北地方，也设置有屯田总管府。为了与该地区往来传送官方的文书信件、拉运官差和货物，沿途设置狗站。《元史》记述："辽阳等处行中书省所辖总计……狗站一十五处，元设站户三百，狗三千只[③]。"从大都至北京（今内蒙古宁城），再分出三条主要驿道通往东北各地。黑龙江沿岸的狗站甚至远达亨滚河（今俄国境内阿姆贡河）口的满泾站（今特林，明奴儿干都司治所）。狗站历经金、元、明、清4个朝代，一直沿用到民国初年。后世对狗橇的描述也愈益翔实，《元一统志》记载："开元路有狗车木马轻捷利便……狗车以木为之，其制轻简，形如船，长一丈，阔二尺许，以数狗拽之……俗有狗车木马轻捷之便。狗车形如船，以数十狗拽之，往来递运[④]。"明《寰宇通志》与《辽东志》记有：赫哲地区"唯狗至多，乘则牵拽把犁[⑤]"。"冬月乘爬犁，乘两三人行冰上，以狗驾拽，疾如马[⑥]"。清初张缙彦记载："黑斤部落有狗，能驾车行冰上，名为扒犁，日行五百里。车上以铁笋贯之，欲止则插入冰中，车不能前[⑦]。"《皇清职贡图》描述赫哲习俗为："赫哲……冬日冰坚，则乘冰床，用犬挽之[⑧]。"杨宾的记述更为详细："又东北行四五百里，住乌苏里、松花、黑龙三江汇流左右者，曰不剃发黑金，喀喇十数，披发，鼻端贯金环，衣鱼、兽皮，陆行乘舟（或行冰上），驾以狗，御者持木篙立舟上，若水行拦头者然，所谓使犬国也。"并赋有一律："闻说羁縻国，

①[清] 徐宗亮：《黑龙江述略 · 卷六 丛录》。
②[宋] 周密：《癸辛杂识 · 续集 · 卷上》，第20页。
③[明] 宋濂：《元史》卷一百一《志四十九 · 兵志》，中华书局，1976版。
④[元] 孛蘭肹 等撰：《大元大一统志》卷二《辽阳等处行中书省 · 开元路》，金毓黻辑：《遼海业書•大元大一統志》辽海书社，1940版。
⑤[明] 陈循 ：《寰宇通志》 卷一百十六 外夷 女直郑振铎辑《玄览堂业书续集•寰宇通志》国立中央图书馆，1947版。
⑥ [明] 毕恭 等修：《嘉靖遼東志 · 卷九 外志》，辽海书社。
⑦[清] 张缙彦：《宁古塔山水记》《杂记》黑龙江人民出版社，1984 版。
⑧[清] 傅恒：《皇清职贡图》卷三，辽沈书社，1991.10版。

西去绝可怜。冰天鱼作服，陆地狗行船（原作注：黑金飞呀喀皆以船任载，以狗驾辕）[①]。”晚清的曹廷杰为其诠释说：“舟即《异域录》所谓拖床，今东三省至东北海滨通称扒里，亦作爬犁。所持木篙，通称靠立。特东省皆驾牛马，唯黑河口下至海滨方驾以犬耳……饲以鱼。少则驾五六犬，多则驾十二三犬，可载千斤。地冻从陆行，每日可一二百里，冰行可二三百里。欲止时，先以靠立插两旁，入地二三寸以止，犬足尚约二三里方可驻[②]。”又记：“黑斤……以数犬驾舟形木架，长一丈二尺，宽一尺余，高如之，曰狗爬犁[③]。”清人李重生在《赫哲风土记》中记载：“赫哲地濒北海，天气早寒，重阳后即落雪花，迨十月则遍地平铺，可深数尺……其引重之器曰狗爬犁，形如小车而无轮，以细木性软者削两辕，前半翘起上弯，后半贴地处置四柱与四框，铺之以板，如运重物则于上弯处驾犬二，人在上以鞭挥之，其速愈于奔骥[④]。”《鸡林旧闻录》记载：“清初，有所谓使犬部者。如今临江等处，每于江上结冰，用狗扒犁……一扒犁以数狗驾之……使鹿部更在使犬部之外，而使犬部落中亦能使鹿。既如四不像，复非常鹿，其形高如大马，身无斑点，谓之马鹿，兴凯湖以北多产此[⑤]。”

从上述记载可以看出雪橇不但历史悠久，而且使用的民族也是很普遍的。

狗拉雪橇又称狗橇，旧时汉人曾称其为“狗车”、“冰床”、“胡床”、“舟”、“雪车”等。从其“冰床”、“胡床”两词来看，与汉人的玩具爬犁很有些相仿。史乘记载年代也都是从宋代始。宋代地理学家沈括在《梦溪笔谈》中记载：“信安、沧、景之间……冬月作小坐床，冰上拽之，谓之‘凌床’[⑥]。”明成祖朱棣定都北京以后，宫中冰上游戏活动长盛不衰。明万历太监刘若愚在《明宫史》中记载：德阳门外的河流“至冬冰冻时，可拉拖床，以木作平板，上加交床或藁荐，一人在前引绳，可拉三四人，行冰上如飞[⑦]”。《明宫杂咏·熹宗》诗云：“琉璃新结御河水，一片光明镜面菱。西苑雪晴来往便，胡床稳坐快云腾。”明代《帝

---

①[清] 杨宾：《柳边纪略》，载于《龙江三纪》，黑龙江人民出版社，1985.10版。
②[清] 曹廷杰：《东北边防辑要》载于《曹廷杰集》，上册，中华书局，1985版。
③[清] 曹廷杰：《西伯利东偏纪要》载于《曹廷杰集》上册，中华书局，1985版。
④[清] 长顺 等修：《光绪吉林通志》，（二十）卷二十七·舆地志十五·风俗。
⑤魏声和等：《吉林地志、鸡林旧闻录、吉林乡土志》，吉林文史出版社，1986版，第62页。
⑥[宋] 沈括：《梦溪笔谈·卷二十三 讥谑》，辽宁教育出版社，1997.3版。
⑦[明] 刘若愚：《明宫史》，中华书局，1991 版。

京景物略》中记载："冬水坚冻，一人挽木小兜，驱如衢，曰'冰床'。雪后，集十余床，垆分，尊合，月在雪，雪在冰。西湖春，秦淮夏，洞庭秋，东南人自谢未曾有也①。"可见这时的冰床还是一种主要用以聚饮赏月的游戏器具，不过从他有关冰床的一首诗《醉后据冰床过后湖》的标题来看，当时冰床已经具有了交通工具的功能。到满族人入主中原定都北京之后，北京及河北白洋淀一带，冰床游戏和交通风靡一时，甚至紫禁城内也用以作为中央机关工作人员的专用交通工具。乾隆时期藏书家汪启淑曾记："冰床……一人拽，其行如飞。太液池、金鳌玉蝀等处皆有之，然唯部曹办事人员方得乘坐。至于外城护城河中，更可附搭，其价颇廉，可省赁车税马之费也②。"清高宗乾隆皇帝就有一座特制的冰床，供他在太液池上冬日时乘坐滑行，观赏银装素裹、苍茫浩渺的雪景。乾隆二十五年，他坐冰床前往琼华岛上的悦心殿观看冰嬉，为此写有《坐冰床至悦心殿》即兴诗作："�冲锡宴有余闲，琼岛韶光暖镜间。尚可翠鸾轻舵试，徐过玉蝀一桥弯。冻酥岸觉看波漾，春到物知听雁还。今日悦心真恰当，窗凭积素慰开颜③。"道光皇帝旻宁也有咏唱冰床之诗："太液冻初坚，冰床胜画船。随风疑解缆，趺坐俨乘仙。镜面频回复，湖心任引牵；澄清真可鉴，致远达前川④。"

其实鄂伦春还真有一种真正的皮雪橇，《达斡尔族鄂温克族鄂伦春族文化研究》记述："游戏'特更色帕然'（野猪皮雪橇）。在大雪封山的季节，拿一块未加工的野猪皮当滑雪工具，孩子们坐在上面，两人或三人一组，前者用脚当舵，后者拦腰抱住，从山顶上顺着坡飞速下滑，真是让人魂飞魄散。尽管常有闪落者，但玩者周而复始，极尽其乐⑤。"

2. 滑雪板底皮垫

滑雪板是黑龙江流域各民族与雪橇同等重要的交通工具，古文献中经常将二者连在一起并称"雪车木马"。无论哪一民族，他们的滑雪板有一个共同特征——在与雪地接触的板面粘贴兽皮。贴法是毛皮的毛尖朝后，使之向前滑行时减小摩擦阻力，提高滑行速度，而上坡时增强了后退阻

①[明] 刘侗 等撰；《帝京景物略·卷之一》，北京古籍出版社，1980.10版，第22页。
②[清] 汪启淑：《水曹清暇录》，卷十 四二六，北京古籍出版社，1998版。
③孙丕任、卜维义：《乾隆诗选》，春风文艺出版社，1987版，第177页。
④徐永昌：《文物与体育》，东方出版社，2000 版，第72页。
⑤毅松、涂建军、白兰著：《达斡尔族 鄂温克族 鄂伦春族文化研究》，内蒙古教育出版社，2007.7版，第469页。

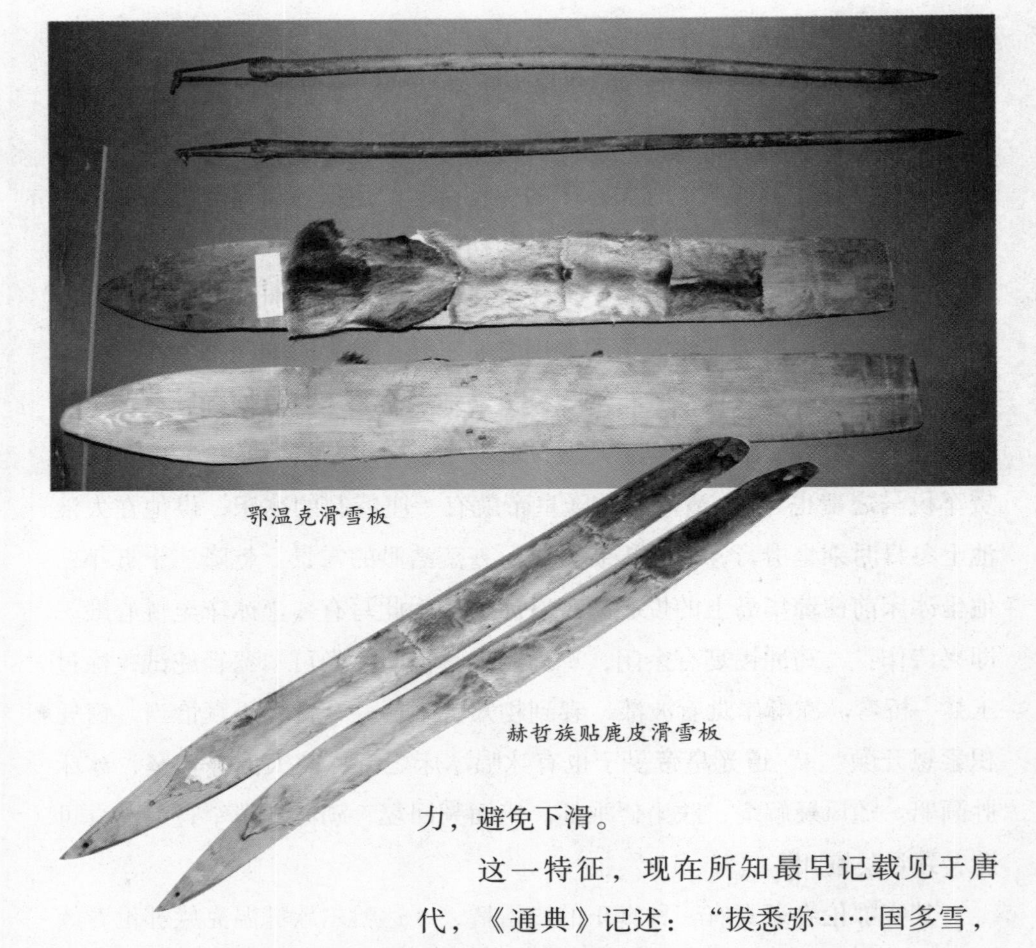
鄂温克滑雪板

赫哲族贴鹿皮滑雪板

力，避免下滑。

这一特征，现在所知最早记载见于唐代，《通典》记述：“拔悉弥……国多雪，恒以木为马，雪上逐鹿。其状似盾而头高，其下以马皮顺毛衣之，令毛著雪而滑，如著屧屐，缚之足下。若下坡，走进奔鹿；若平地履雪，即以杖刺地而走，如船焉；上坡即手持之而登①。”晚清曹廷杰记述：“黑斤……雪甚则施踏板于足下，宽四寸，长四五尺，底铺鹿皮或堪达韩皮，令毛尖向后，以钉固之，持木篙撑行雪上不陷，上下尤速②。”波·少布先生介绍：鄂温克人的“滑雪板用松木制作，将松木用水浸泡，然后烤干再进行加工。板长2米，宽20厘米，前端向上弯曲，后端坡状。板底贴一层犴腿皮，中间装有鞋套或者是绑腿的带子③”。吴雅芝介绍：“鄂伦春人使用的滑雪板都是自己制作，一般选质地坚硬、富有弹性的松木或

①[唐] 杜佑：《通典·边防典 第二百》，中华书局，1984版。
②[清] 曹廷杰：《西伯利东偏纪要》，载于《曹廷杰集》，上册，中华书局，1985版，第116页。
③波·少布：《黑龙江鄂温克族》，哈尔滨出版社，2008.6版，第386页。

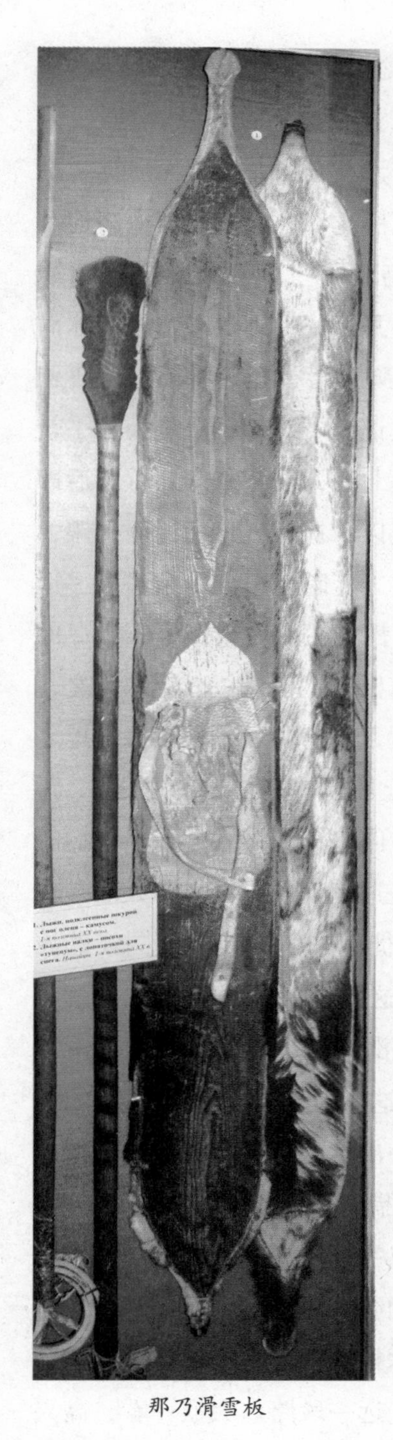
那乃滑雪板

桦木，做成长短两种。长的约2米，短的约1.3米，形状相同，前端有尖形翘头，板底刻两道沟槽，钻眼穿皮绳系足，皮绳陷在沟槽里，滑雪时才不会受到阻碍。他们通常把带毛的鹿皮或狍皮钉在板底的尾部，为的是上坡时阻止下滑①。”俄国人马克记述：果尔特人（赫哲）“大雪期间，为了行走方便，猎人还用几根皮带将滑雪板（索赫索尔塔）绑在腿上。滑雪板用黄柀椤木做成下边包着毛皮，毛朝外，毛丝由前向后顺倒②”。

黑龙江省民族博物馆、呼伦贝尔鄂温克民族博物馆和俄罗斯哈巴罗夫斯克地志博物馆收藏和展出的赫哲、鄂温克和那乃人用过的滑雪板都可以看到板底贴的鹿、狍等毛皮。

滑雪板历史悠久，发端于何时何地何种民族现已无可稽考。从唐代开始，史乘中对我国境内各民族的使用情况就不断有所记载。《通典》记载：“北室韦……气候最寒，冬则入山，居穴中……凿冰，没水中而网射鱼鳖。地多积雪，惧陷坑阱，骑木而行。俗皆捕貂为业，冠以狐貉，衣以鱼皮。”“流鬼……多沮泽，有盐鱼之利。地气沍寒，早霜雪，每坚冰之后，以木广六寸，长七尺，施系其上，以践层冰，逐及奔兽。俗多狗③。”《元一统志》记载：“开元路有狗车木马轻捷利便。木马形如弹弓，

①吴雅芝：《最后的传说 鄂伦春族文化研究》，中央民族大学出版社，2006.5版，第106页。

②[俄] P·马克：《黑龙江旅行记》，吉林省哲学社会科学研究所翻译组译，商务印书馆，1977版，第285~286页。

③[唐]杜佑：《通典》卷二百《边防十六·北狄七》，中华书局，1984版。

长四尺阔五寸，一左一右系于两足，激而行之雪中冰上，可及奔马。”“俗有狗车木马轻捷之便……木马形如弹弓，击足激行，可及奔马[①]。”按曹廷杰的考证：“开元路即唐黑水府，是开元在今黑龙江地面。据《一统志》三京五国狗车木马云云，则由长白山至黑龙江，凡东北滨海诸地，皆隶开元路也。狗车木马，今自三姓以下尚仍旧俗[②]。”清初的《皇清职贡图》描述：“七姓……专以渔猎为生，遇冬月冰坚，则足踏木板溜冰而射[③]。”与之相匹配的七姓典型人物形象就是脚穿滑雪板，将箭射向奔跑的野兽的场景。其后清人李重生在《赫哲风土记》中对赫哲滑雪板作了较详细的记载：“其捕兽之器曰踏板，赫哲地濒北海，天气早寒，重阳后即落雪花，迨十月则遍地平铺，可深数尺。土人以木板长五尺贴缚两足跟，手持长竿，如泊舟之状滑雪上前进，则板乘雪力，瞬息可出十余里……运转自如，虽飞鸟有不及也[④]。”曹廷杰也对赫哲人的滑雪板作了较详尽的记述：“或雪深数尺，犬不能行，其人则施踏板于足下，板以轻木为之，宽三四寸，长四五尺，底铺鹿皮，令毛尖向后，以钉固之。手持靠立撑之而行，浮在雪面不陷，其速可比狗爬犁，而上坡下岭轻快尤为过之[⑤]。”赫哲族的《迁徙歌》为我们把滑雪板的制作时间追溯到了六七千年他们的民族大迁徙年代：“我们的赫哲人，原本不是这三江平原居住的人。是在几千年前，从那遥远的北方，顺着黑龙江迁徙而来……顶着混同江的波涛，逆流西去的先民，历尽了各种艰辛……这砍制滑雪板的地方，就叫做——勤得利[⑥]。”赫哲人的一则民间故事《滑雪板》则告诉我们：滑雪板的诞生是大自然的赐予；是生产活动的启迪；是赫哲人勤劳智慧的结晶。其中述说：“有一年冬天，有几个猎人外出上山打猎。突然一场鹅毛大雪，一连下了三天，积雪有半人多高……猎人们这下可犯难了……这时，一位上了年纪的猎人把头说：‘……这点雪挡不住我们的脚。’……老人用斧子砍了两块长长的树皮，用狍皮筋捆绑在温塔上，这么一来，能够在雪地上站稳了。老人又用斧子砍了两根木棍，一手一个拿在手中使劲往雪地上一支，人跟着树皮在雪地上滑出了老远一段路。大家一看，高兴

①[元] 孛蘭肹 等撰：《大元大一统志》，金毓黻、安文溥 辑本 卷二《辽阳等处行中书省·开元路》，1940版。

②[清] 曹廷杰：《东三省舆地图说》，载于《曹廷杰集》，上册，中华书局，1985版，156页。

③[清] 傅恒：《皇清职贡图》，卷三 辽沈书社，1991.10版。

④[清] 长顺 等修：《光绪吉林通志》（二十）卷二十七《舆地志十五·风俗》凤凰出版社，2009.12版。

⑤[清] 曹廷杰：《东北边防辑要》，载于《曹廷杰集》上册，中华书局，1985版，第13页。

⑥赫哲民间歌手 吴连贵 唱：《民族迁徙歌（伊玛堪片断）》，载于《同江文史资料》，第二辑，1986版，118~127页。.

得欢呼起来，立即人人动手，每人做了一副……行走如飞，快极了！大家高兴得给这滑雪工具起了个名叫‘刻牙利奇刻’，就是滑雪板的意思。这年冬天，这些猎人靠着滑雪板……打了许许多多的猎物。从此以后就传开了，家家都做了滑雪板①。”

滑雪板既是交通工具，又是生产工具，黑龙江流域各族人民在长达半年多的漫漫严冬一日不可或缺。正是由于这种赖之以生存、以繁衍、以富足的重要性，他们除了倍加爱护、不断改进之外，还以极大的热情去讴歌和赞颂。外族人风趣地说赫哲人“骑木马穿山跳涧，穿花鞋（船）骗江过海②。”他们自己则自豪地唱道：

赫尼哪咪赫尼哪——
勇敢的赫哲人，
生活在三江平原上。
捕鱼又狩猎，
不怕风和浪。
穿上两块板能穿山越岭，
踩着三块板可过海漂洋③。

五、猎具配件

1. 猎枪套

在随着人口数量的增多，“棒打獐子瓢舀鱼”的自然资源极其丰饶的情况逐渐恶化以后，弓箭、扎枪等冷兵器狩猎所获渐显捉襟见肘。恰在此时，火枪传入了黑龙江流域，致使捕猎效率大大提高。因此，猎人们对自己的猎枪倍加珍爱，除了狩猎前和狩猎归来都进行精心擦拭之外，为了防止猎枪被风吹沙袭雨淋雪灌，还用狍腿皮、野猪皮或獾子皮做成枪套加以保护。鄂伦春语称狍腿皮做的猎枪套为“木伦”，獾或野猪皮做的为“毛核格”。黑龙江省民族博物馆收藏的鄂伦春族枪套，是用野猪皮做的“毛核格”，由筋线缝成长筒形，长102cm，宽10cm。呼玛县白银纳乡博物馆

①吴连贵口述，黄任远搜集整理：《滑雪板》，载于《黑龙江民间文学》，第五集，第252页。
②《民族问题五种丛书》黑龙江省编辑组《赫哲族社会历史调查》，黑龙江朝鲜民族出版社，1987.3版，第163页。
③黄任远：《赫哲风情·冰雪木马》，中国商业出版社，1992.10版，第37页。

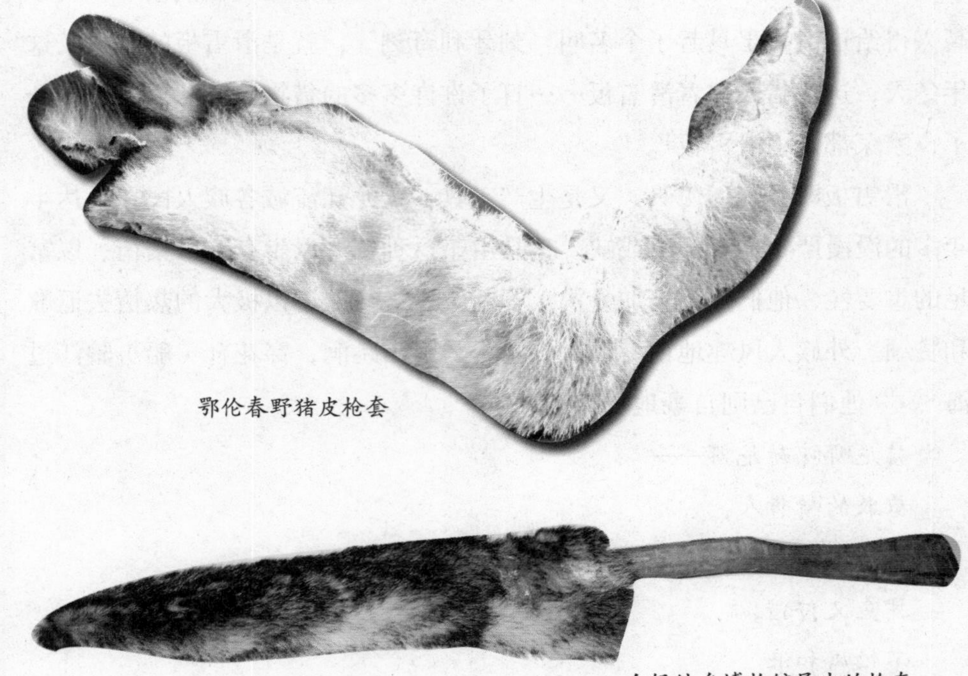

鄂伦春野猪皮枪套

白银纳乡博物馆展出的枪套

也有鄂伦春族皮制枪套展出。

2. 子弹袋（带）、火药袋、火镰包

这3种物品是火枪传入之后，黑龙江流域各族猎人出猎时必带的猎枪配件。

子弹袋（带）分成两种：一种为带状的，用一条较宽的皮带做基带，在其上缝一条稍窄的皮带，分成能容一颗子弹的若干间隔，与现在军人横系腰间或斜挎肩背上的子弹带颇相类似，只是更简易而粗糙；另一种就是荷包袋状，这种袋出猎时除可装进一定数量的子弹之外，还可装进擦枪器及用过的弹壳等物品。快枪即“别拉弹克枪”，传入后相当长的一段时期，子弹要从俄罗斯购买，数量少而价格昂贵，为了节约，猎人们将用过的子弹后帽撬开，重新装入火药，然后压上自制的或从猎物体内取出加以

修整的弹头，这样一枚子弹就可以反复使用多次。因此子弹射出之后，弹壳要捡回并装入袋内妥加保存。

凌纯声先生配图介绍了赫哲人的子弹袋："材料野猪皮，长17cm，袋里用皮带缝成八个小皮圈，可放子弹八粒，袋口有皮带一条，用之系扎，袋背左右有皮带圈出猎时可以穿扎在袴带上[①]。"黑龙江省民族博物馆两种都有收藏。前一种塔河县十八站鄂伦春猎民用过的物品，由一块皮子对折缝制而成，长48cm，宽13.2cm，两端各缀一皮条作为系带，打猎时，猎人可以把装满子弹的带子像腰带一样围系在腰间，方便实用。另一种是鄂伦春人用零星狍皮拼缝制成，长24cm，宽17cm，毛皮光面朝外毛朝里，使袋内光滑而又较重的子弹、弹壳等物在奔跑和马上颠簸等情况中都不易滑脱；口沿部有毛向外的镶边，两侧有皮系带，带长18cm，进一步加强密封性。呼伦贝尔鄂温克民族博物馆展出的子弹袋别具风格：袋盖由蓝布绲边，上边由皮条抽成木耳边装饰，盖面是用红、绿、

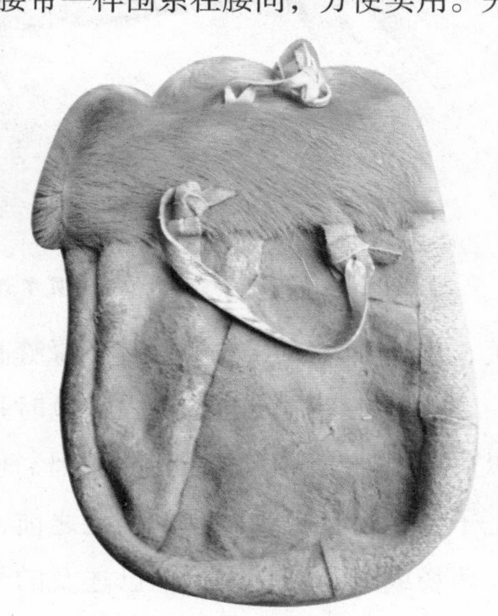
鄂伦春族皮制子弹袋

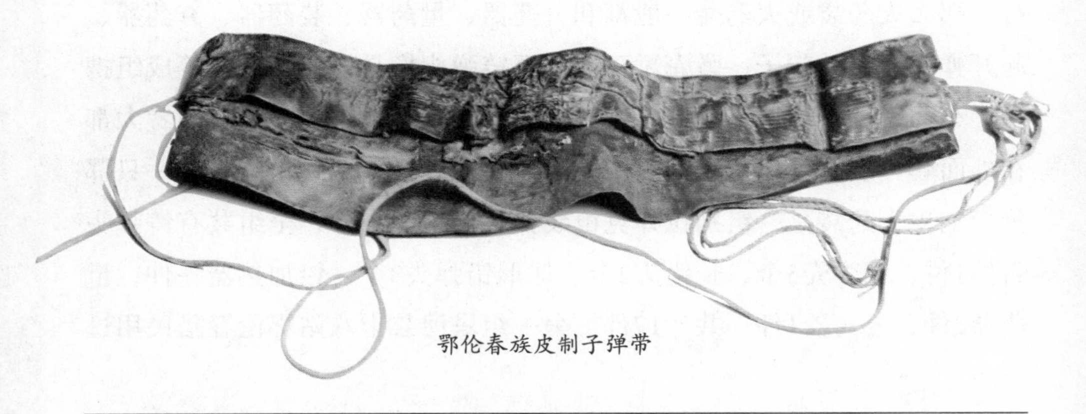
鄂伦春族皮制子弹带

①凌纯声：《松花江下游的赫哲族》，国立中央研究院历史语言研究所，1934版，第98页。

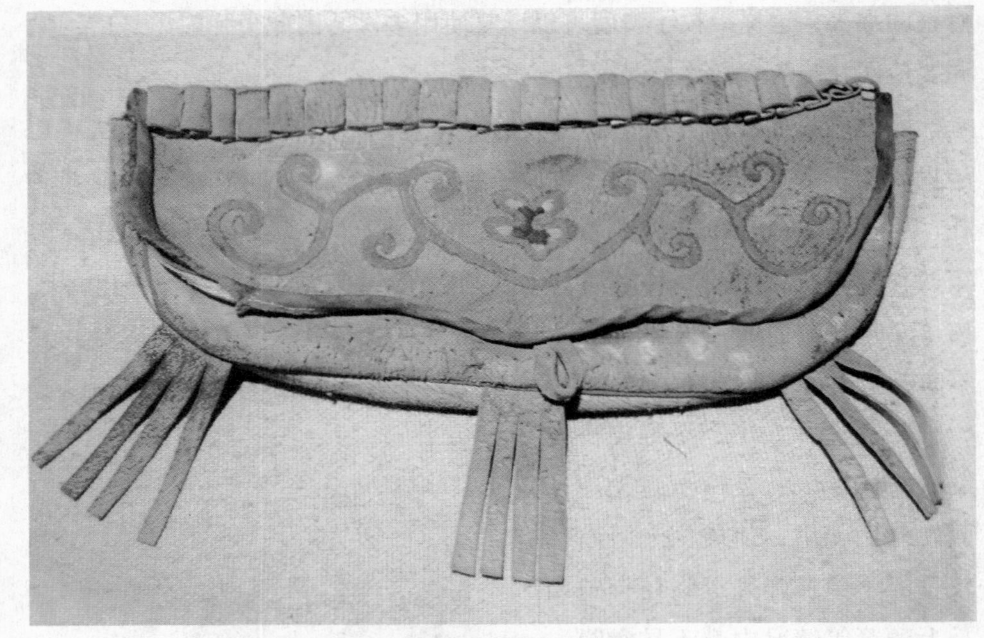

呼伦贝尔鄂温克子弹袋

黄、蓝4色描绘的纹饰，袋体下缘缝有3簇皮穗装饰。

火药在使用火药枪和火绳枪时是必不可少的，使用“别拉弹克枪”以后，由于上面已经提到的原因，也不能离开猎人的身边。这样，在用上子弹充裕且很难自制的钢枪之前，猎人出猎必须随身携带盛装火药的火药袋或火药壶。由于前已述及的子弹数量极少，大约每次携带都不会达到两位数，所以子弹的自制一般都在狩猎现场或临时休息地就地进行，那么火药袋或火药壶一般都和分药器、量药器、装药器、夯药器、起开弹壳后帽的起子、弹壳矫正器甚至铸弹头模具、铅加热器等成组携带。火药袋一般用兽皮制作。火药壶有木制和羊角制等多种，前者大都在外面套一层皮套以增强其耐用性。黑龙江省民族博物馆收藏的一只鄂伦春狍皮火药袋是一组别拉弹克枪装弹工具中的一件，全组共有铸弹头石模1付、铜弹壳5个、长铅头2个、球形铅弹头3个、铅加热器一件、量药器2件、分药器1件，共计17件。另一组塔河县十八站鄂伦春猎民用过

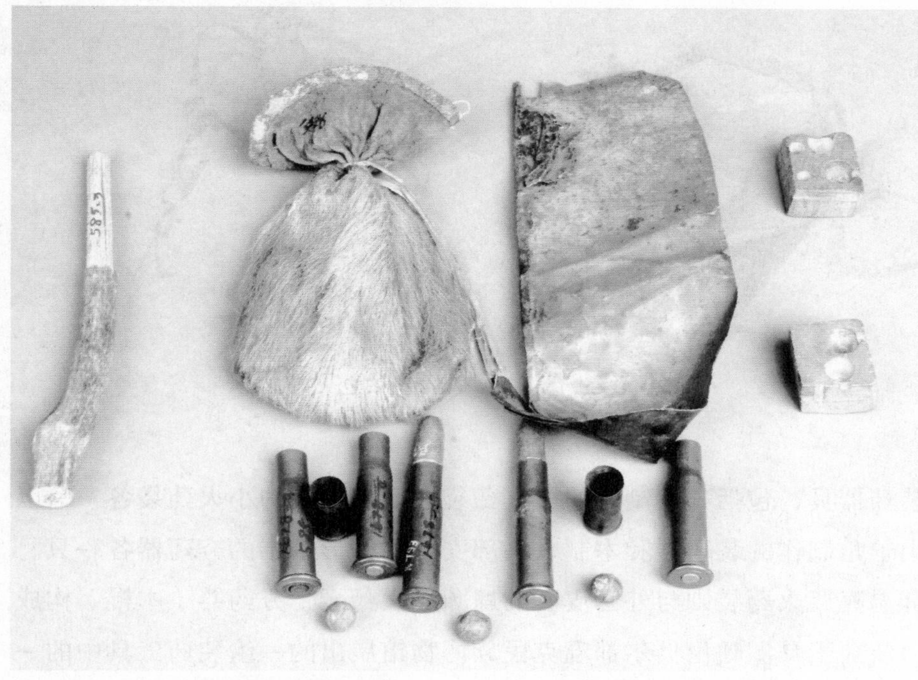

鄂伦春火药袋和子弹

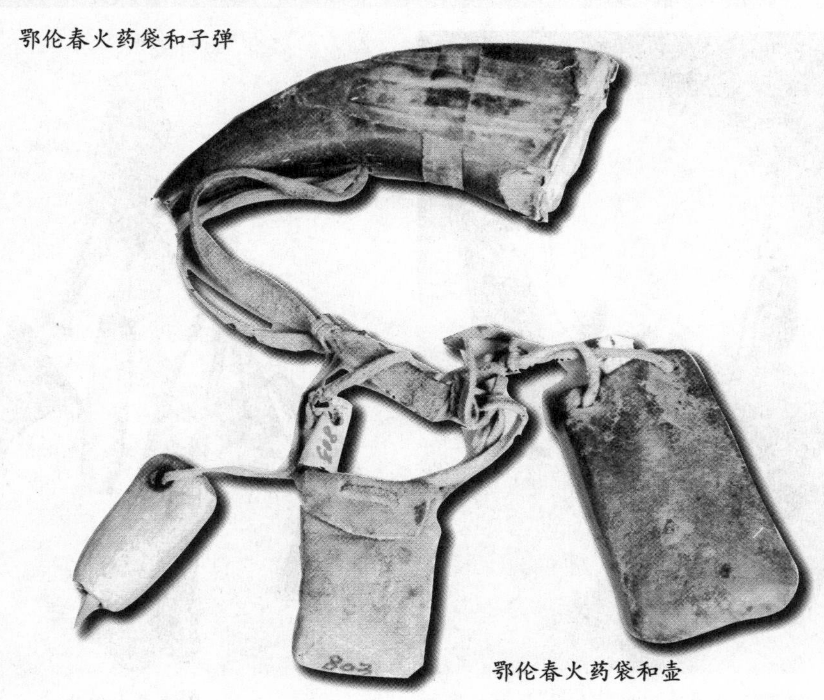

鄂伦春火药袋和壶

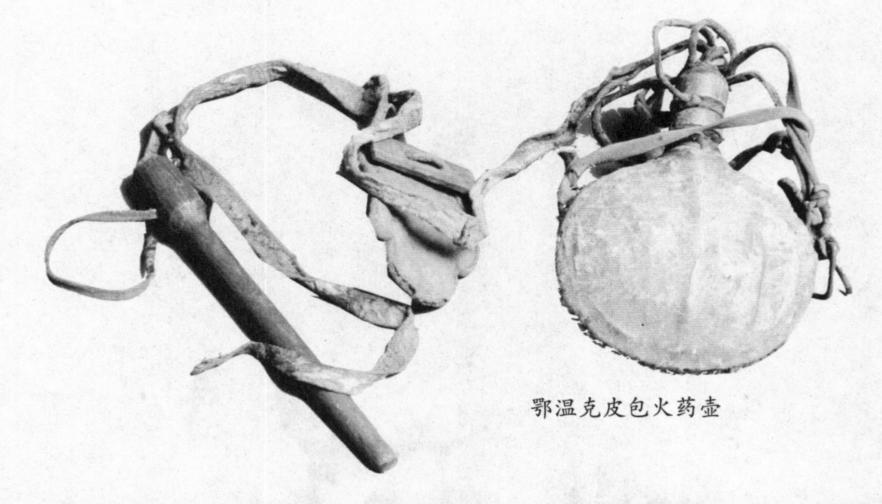

鄂温克皮包火药壶

的装药器具，包括犴皮制成的大火药袋和鹿皮制成的小火药袋各一只以及山羊角制作的装药器和木制、头部安一四楞形铁锥的夯药器各一只。而鄂温克族火药袋则与外套皮套的扁圆形火药壶、夯药器（木棍）构成一组装药工具。呼伦贝尔鄂温克民族博物馆展出的一组装药工具中的一

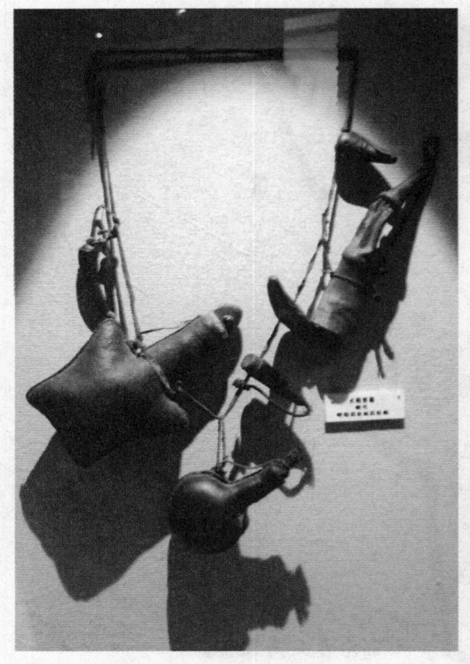

呼伦贝尔鄂温克民族博物馆展出的火药袋

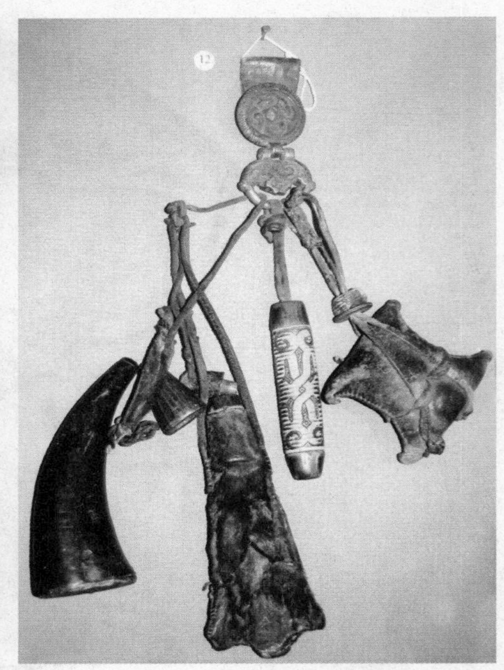

乌德盖火镰袋

只皮制火药壶造型颇似芭蕉扇，别具一格。

而俄罗斯哈巴罗夫斯克地志博物馆展出的乌德盖人装药器具却是与火镰袋构成一组，图片从左至右依次是木制牛角形装药器、皮制火药袋、骨制针盒、鳇鱼皮火镰袋，全用皮条拴在上面一个雕花铜扣上，铜扣是腰带的端扣，使腰带扎紧在腰间。

俄国人马克记录过类似的这种组合：1854年8月在今共青城一带黑龙江岸边，他看到鄂伦春人的腰带，“满珲……几乎所有男人都系一条独特的腰带。这条腰带的一端拴一个做纽扣用的有雕花的骨片，穿扣在腰带另一端的开口上。腰带上挂着各种物什，计有……火镰袋，这是一个半圆形的小袋，用皮子缝成，绣着各种各样的图案……另一种火镰袋，用鳇鱼皮缝成，分两部分，上部套在下部上，上部的上两角有两个倒卷，系火镰的皮条，透过上盖两侧边上的开口，拴在底袋上。打开时上盖在皮条上滑动，皮条上穿着几枚中国铜钱，托着上盖，防止它落下来……雕刻得很漂亮的骨制针盒。这是一个穿在皮条上的小圆筒，里边插着针[①]。”

装在火镰袋内的是一套完整的取火器具，一般包括火刀（即火镰）、火石和火镰绒。火石即燧石，一种主要成分为二氧化硅的矿石。火镰绒简称火绒，一般用艾草蘸上硝粉制成。这是钻木取火之后、火柴未发明之前人类普遍使用的一种取火工具。需取火时，用火镰的刃部快速削击火石的较小表面，即可迸出火星，在同一时间内，将火绒尽可能地接近火星，点燃蘸过硝粉的艾草。有时还要用口对着火绒吹气，以增加助燃氧气。然后用火绒即可点燃茅草、干树枝叶等易燃物品，生成明火。

火镰除了用于火药枪或火镰枪的点火之外，无论居家或外出渔猎，都经常要生火取暖、煮食、驱兽、吸烟甚至用火光作为互相联络的信息，火镰是一时一刻不能离身的。

黑龙江流域各民族及其先民长期生活在寒冷潮湿的地区，火给了他们温暖和熟食。他们除了些许对火的破坏力的畏惧之外，更多是对火的

①[俄] P·马克：《黑龙江旅行记》，吉林省哲学社会科学研究所翻译组译，商务印书馆，1977版，第295页。

感激、崇敬和依赖之情。因此，“火崇拜”是他们普遍而重要的习俗之一。各族都有很多诸如点火时先磕头、执炊之前先往火里扔点食物、猎人在野外不能跨越燃过火的灰堆、不能用锐器捅火、不能用刀斩火、不许用水浇火等俗规和禁忌。同时各族都有各自供奉的“火神”。赫哲人的火神“都热马林”是他们的普罗米修斯式的英雄：相传很早，上天降下天火，烧着了森林，烧死了野兽，使茹毛饮血的人们吃上了熟食，觉得味道极好，方知火是好东西。但天神恩都力怕大火把地上的林木烧光，便派木杜里（龙）普降大雨，扑灭了大火。这时有个名叫都热马林的老人为了保护火种，让大家不致因雨浇灭了火而断了熟食，便在雨中把一块火红的木炭抱在怀里，跑进了山洞，保住了火种。但自己却被活活烧死。赫哲人把他尊为“火神”，从此称火神为“都热马林”。蒙昧时期的各族人们都用类似的办法千方百计保留天然火种，所谓薪尽火燃，世代相传。现在仍盛行于各民族间的篝火晚会上的狂歌劲舞就充分体现了这一遗风。后来是钻木取火，他们把硬木或骨制的钻器称为神钻。再后来是火石火镰取火，从而火石火镰及火镰套都成了圣物。乌德盖人氏族的火镰保存在老年人手中，并且世代相传。他们认为在这块火镰中蕴藏着火的神力。乌尔奇人每一个氏族都有世袭的火石和火镰，装在一个不大的口袋里，挂在极其隐蔽的地方。据说，那乃小男孩从2~3岁刚刚学会走路时就拥有了挂着包括火镰袋在内的成套小“猎具”的皮带。还有一种说法是，老猎人会在首次取得猎获物的庆祝日——“艾依莱涅”（那乃语俄文注音 эйлэне）节中把这一皮带送给男孩。

3. 皮斧袋、箭袋

铁斧是黑龙江流域各民族极其重要的生活资料，用途极其广泛：可以做猎具，更普遍的是用于砍伐搭建撮罗子的木杆，砍削桦皮船的龙骨和雪橇的木掌，甚至也可以用做肢解大型猎物的工具。因此，他们对斧子格外爱护，常常给斧头带上皮制的护套，一来可以保护斧刃的锋利，

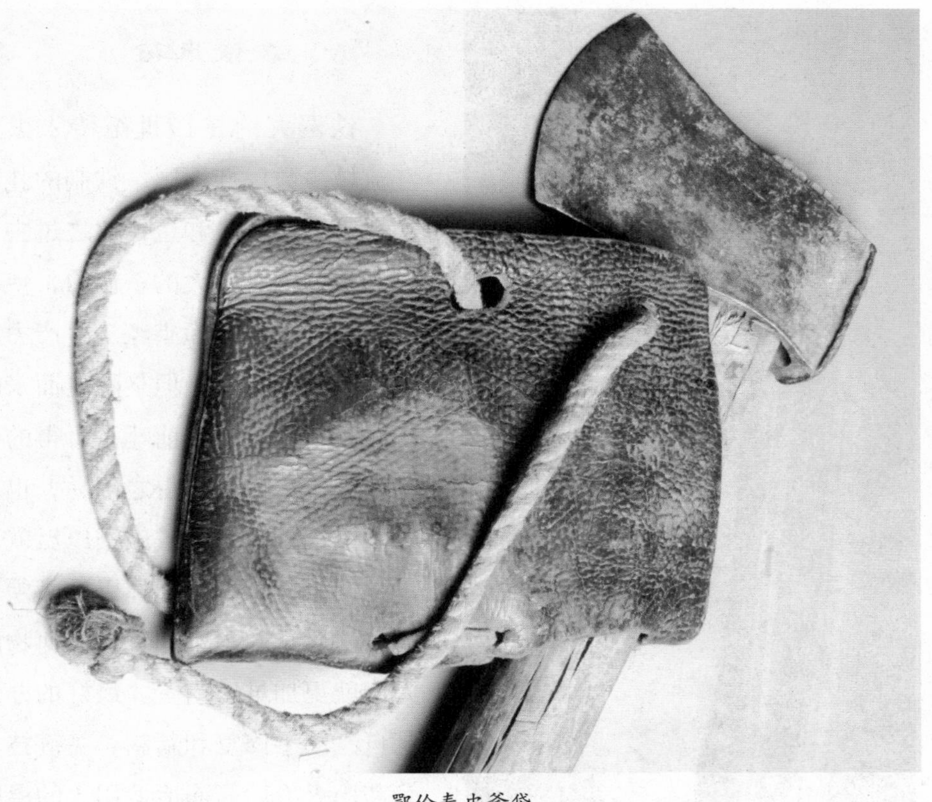

鄂伦春皮斧袋

同时又可预防在携带过程中斧刃伤及人畜和物品。凌纯声先生配图介绍了赫哲人的皮制斧袋："高14cm，皮质很厚，似牛皮；袋口有骨为夹口，用以袋斧。有似今日西洋的斧袋式。或此袋式与用法已受俄化，亦未可知[①]。"黑龙江省民族博物馆收藏的鄂伦春木柄铁斧带有皮质斧头套，皮套长18cm，宽13.5cm，厚2.5cm。

在火枪传入之前，相当长的一个历史时期中，弓箭和扎枪是主要狩猎工具，甚至火枪传入之后，还有一段并用期。在此期间，箭袋（或称箭囊）就成为猎人出猎时的随身必备之物。箭袋的制作原料除桦皮之外，还普遍使用兽皮。俄罗斯哈巴罗夫斯克地志博物馆展出了一件狍皮制作的箭袋。

①凌纯声：《松花江下游的赫哲族》，国立中央研究院历史语言研究所，1934版，第99页。

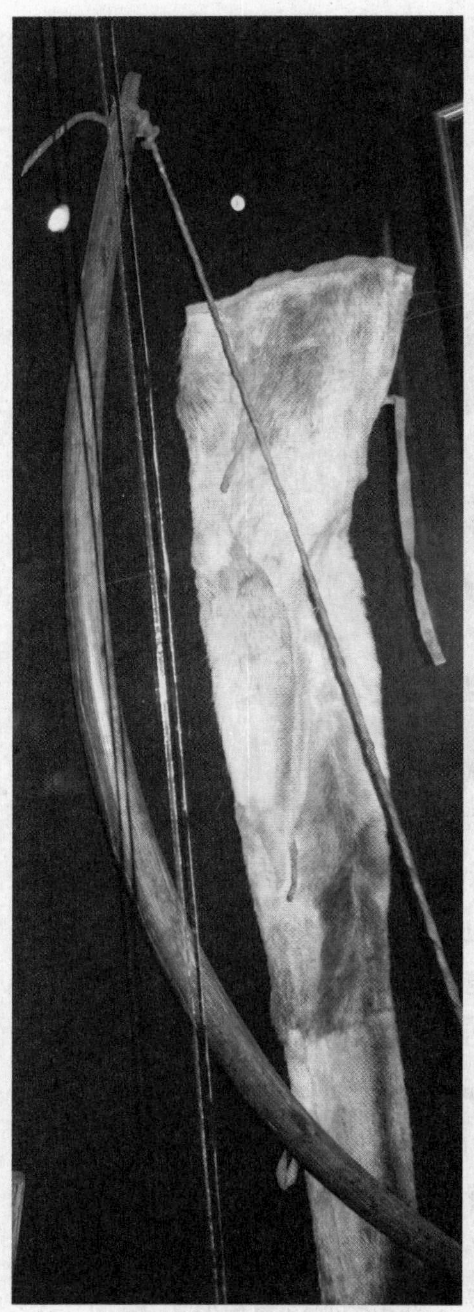
哈巴地志博物馆展出的皮箭袋

六、皮囊风箱

铁器大约在17世纪传入黑龙江流域少数民族地区。铁制的扎枪头和箭头、鱼叉和鱼钩比之过去骨制和木制的有更大的杀伤力，使得该地区各民族的渔猎经济生产力水平得以极大提高。但是随之而来的问题是铁器较之从前唾手可得的骨木制品价格昂贵且得之不易，也就再不能像过去用钝或破损以后就可以随便丢弃。完全损坏以后必须新购，这对于几乎不知现金为何物的人们就更加难以措置。最好的办法是自己动手修复和新制，关键技术是需用火冶煅，而冶煅用火的温度必须用鼓风加以提高。这就迫使聪明的人们发明了皮囊风箱。于是就有了“输入了铁制工具，便逐渐学会了制造铁质工具的技术，即用交换来的废铁，以木炭和鄂温克人独特的鼓风箱将铁熔化，制造出所需要的生产工具，如砍树刀、猎刀、斧头、鱼叉和熟皮工具等，狩猎用的弓箭头和扎枪头，也由骨质制改为铁质[①]。”“过去，每个氏族都有会做小型铁具的老人。他们买进

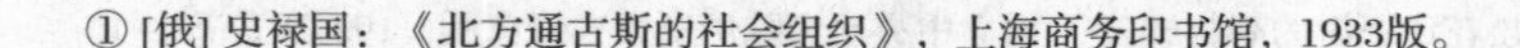

① [俄] 史禄国：《北方通古斯的社会组织》，上海商务印书馆，1933版。

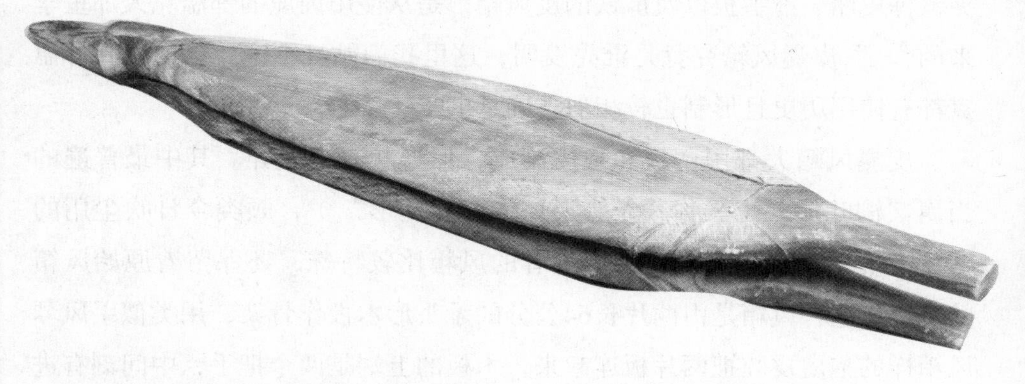

鄂伦春鼓风皮囊

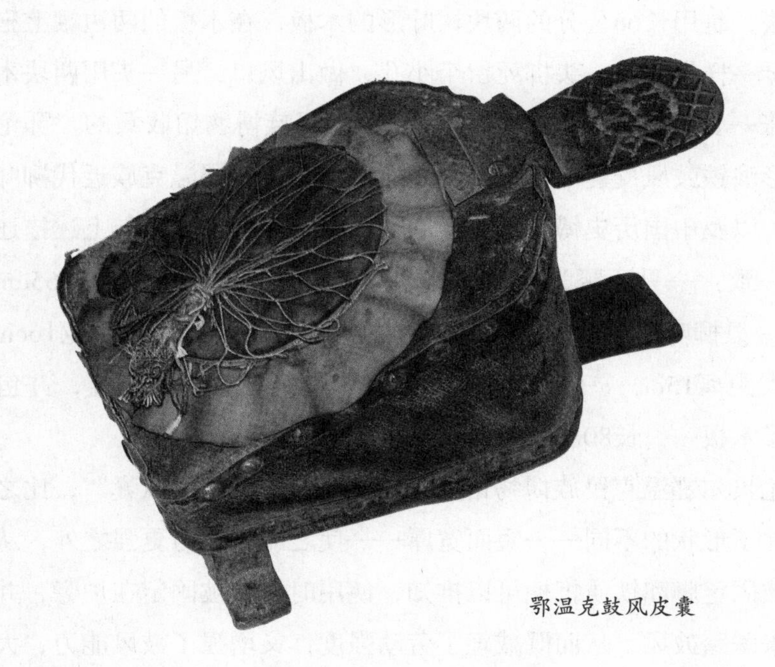

鄂温克鼓风皮囊

废铁，用狍皮风箱鼓风，熔化铁水，铸出砍树刀（鸣特根）、小刀（靠套）、扎枪头和箭头、鱼叉等[①]”，的繁荣景象。

据有的鄂伦春族老人说，“现在鄂伦春人所使用的鹿哨、地箭、铁夹、桦皮船、滑雪板以及炼铁的皮风箱都是从使用训鹿的鄂温克人那里学来的[②]。”皮囊风箱究竟是谁先发明，这里我们姑且不论。鄂伦春和鄂温克都有使用历史且形制也较相似，确是事实。

皮囊风箱大都用木板和狍皮制成，但形状有所差异。其中最普遍的当属“柳叶形”（又称“矛头形”或“棒槌形”），颇类今日吹尘用的“皮老虎”。资料记载：“鄂伦春的风箱比较特殊，还保留着原始风箱的痕迹，这种风箱是由两片长64公分的矛头形木板作骨架，用类似手风琴风箱样的狍皮皮腔把两片板连起来，木板的上端是两个把手，中间刻有进风孔，下端连接处是送风口。使用时把皮腔一张一合，即从送风口送出风来……传说使用这种风箱锻铁已有100多年的历史了[③]。”“他们的风箱制做方法，是用长68公分的两块树叶形的木板，在木板的两边镶上狍皮，像手风琴一样折起，一头梆死留个小孔，做出风口，另一头用两块木板做把，一张一合，就鼓出风来[④]。”黑龙江省民族博物馆收藏的“鄂伦春现代棒槌形锻铁鼓风皮囊”和猎民阿利谢依祖传的“鄂温克族近代柳叶形鼓风皮囊”以及中国历史博物馆收藏的“鄂伦春夹板风箱”与上述描述的形状基本一致：一只两帮为树叶形松木板，中间用狍皮连接，长65cm，宽12cm；一只柳叶形，两片木板，用狍皮连结而成，长59cm，宽16cm，可张开最大距离15cm；一只“前有木制出风管，后与狍皮相连，并包住两块柳叶形木板……长80厘米，宽15厘米[⑤]”。

呼伦贝尔鄂温克民族博物馆展出的“锻铁工具——风囊”，比之柳叶形风囊除了形状的不同——短而宽厚——使之鼓风能力更强之外，从它加装了铁质固定脚和铁质把柄可以推知，使用时它是被固定在炉旁，并且可以用脚来踩踏鼓风，从而既减轻了劳动强度，又增强了鼓风能力，大大提高了效率，应是对前者的一项重大改进。

---

①吕光天：《鄂温克族》，民族出版社，1983版，第42页。

②内蒙古自治区编辑组：《鄂伦春族社会历史调查 第二集》，内蒙古社会科学院民族研究室，1982版，第213页。

③冯君实等：《解放前黑河地区鄂伦春族历史调查》。

④内蒙古自治区编辑组：《鄂伦春族社会历史调查 第二集》，内蒙古社会科学院民族研究室，1982版，第229~230页。

⑤宋兆麟、高可 主编：《中国民族民俗文物辞典》，山西人民出版社，2004版，第465页。

鄂伦春皮囊风箱

中国历史博物馆还收藏有一种鄂伦春人的名副其实的皮囊风箱。说其名副其实，是因其风箱的主体——风囊不是用皮与木板共同组成，而是完全由兽皮单独构成。风囊类似一只皮套裤腿，前端绑一段15cm左右的木管做出风口；后端剪为两片，每片用皮条拴系一块约20cm × 5cm × 2cm左右的薄木板。用时两手握住薄木板，一分一合即可鼓风。

对于风囊的使用，俄国人马克1854年7月在伯力（今俄罗斯哈巴罗夫斯克）附近黑龙江边看到了鄂温克人的具体操作并记录下来："通古斯人用右腿擎着一个不大的鼓风袋（库尔戛）的下柄，两膝之间放着内盛燃

烧着木炭的焙烧炉；鼓风袋管插入一块平滑石板（吉牙）的圆锥状的洞孔里，石板侧立于两腿之间，洞孔细小的一面朝着焙烧炉，以便使风袋中的气体成细流地吹在炭火上。通古斯人用右手掀动风袋，把铁烧红，然后在铁砧杆上打鱼钩[①]。”

七、纳贡与交易的必备品

黑龙江流域各民族向清政府贡缴兽皮，终后金及有清一代三百多年，其中尤以名贵的貂皮为主。史料记载：“明万历二十七年己亥（1599）正月，东海窝集部……来贡土产。黑白红三色狐皮、黑白二色貂皮。自此，窝集瑚尔哈部内所居之人，每岁入贡[②]。”也就是尚在后金建国之前，努尔哈赤已揭开了对赫哲等少数民族胡萝卜加大棒式的“贡貂赏乌林”政策序幕。其继任者变本加厉地推行，皇太极“崇德四年八月甲午，谕出征库尔喀主将萨尔纠等率曰：‘……如得胜时……若归附则编为户口，令贡海豹皮。’”[③]其后，“国初定：索伦、达虎里及鄂伦椿、必拉尔人丁，进贡貂皮。除有事故者开除外，将见年实在人丁，每丁贡貂皮一张。此内一等貂皮五百张，二等貂皮千张，其余均作三等收用。如足数目，符等次者，送来之人照例赏赐。不足、不符者，交院议处，副管罚牲畜二九，佐领罚一九，骁骑校罚五，各入官[④]。”“康熙十五年赫哲费雅喀贡貂之人一千二百零九户……赫哲费雅喀人如有每年前来宁古塔贡貂者，则于宁古塔收取貂皮并颁赏乌林，如有不前来宁古塔者，则派出官兵往赴奇勒尔等处收取貂皮并颁赏乌林[⑤]。”完成于乾隆十六年（1752）的《皇清职贡图》收入的鄂伦绰、赫哲等黑龙江流域七个民族，全部是“岁进貂皮”。甚至在某一时期达到了近于掠夺的地步，如清中叶“布特哈，无问官、兵、散户，身足五尺者，岁纳貂皮一张，定制也。如甲皮不入选，多选乙皮一张，甲出银三两偿乙，此类甚多[⑥]”。

盖缘于此，黑龙江流域各民族的人们为了规避甚至比饥寒更为可怕的重金处罚直至鞭笞流徙，猎取和鞣制兽皮，特别是貂皮，就成为了必不可

①[俄] P・马克：《黑龙江旅行记》，吉林省哲学社会科学研究所翻译组译，商务印书馆，1977版，第 247页。
②辽宁通志馆编：《满洲实录・卷三》。
③[清] 鄂尔泰等：《八旗通志・初集》，东北师范大学出版社，1985版。
④[清] 理藩院编：《乾隆朝内府抄本〈理藩院则例〉》，中国藏学出版社，2006.12版，第65页。
⑤辽宁省档案馆、辽宁社会科学院历史研究所、沈阳故宫博物馆：《三姓副都统衙门满文档案译编》，辽沈书社1984版，第460页。
⑥[清] 西清：《黑龙江外记・卷五》，中华书局，1985 版。

少的经济活动。

诚然，不能不说“贡貂赏乌林”政策从实行之始，就因其是一种怀柔措施而带有“胡萝卜”成分——赏，实则贡赏之间可以理解为隐含着变相的交易。清人吴桭臣记载：“又东北五六百里，为呼儿喀；又六百里，为黑斤；又六百里，为飞牙哈；总名乌稽鞑子，又名鱼皮鞑子……每岁五月间，此三处人乘查哈船，江行至宁古，南关外泊船，进貂。将军设宴，并出户部颁赐进貂人袍帽、靴袜、鞋带、汗巾、扇子等物，各一捆赐之[①]。”

特别是在完成了贡赋份额之后，剩余部分就可进行以皮易货的自由贸易了。《全辽备考》中记载：“上貂皆产鱼皮国。岁至宁古塔交易者两万余，而贡貂不与焉，宁古塔人得之，在七八月间，售贩鬻京师者，岁以为常。而京师往往贱挹娄而贵索伦，盖以索伦貂，毛深而皮大，然不若挹娄之耐久也[②]。”可以看出，赫哲、鄂伦绰的貂皮除了贡貂不能参与之外，每年仅在宁古塔就有数以万计的貂皮上市交易，而且都是上品，并被商人二次转卖到北京。所以才有方式济的“出尔罕者，兵车之会也。地在卜魁城北十余里。定制于草青时，各蒙古部落及虞人胥来通市，商贾移肆以往。艾浑、墨尔根屠沽亦皆载道，轮蹄络绎，皮币山积，牛马蔽野……将军选贡貂后始听交通，凡二十余日[③]”，曹廷杰的“黑斤……夏捕鱼作粮，冬捕貂易货，以为生计[④]”，间宫林藏1809年7月在黑龙江下游满洲行署（今俄共青城附近）看到的“其交易形式，夷人将各种兽皮挟于腋下来交易所，换去自己所需之物品，如酒、烟、布匹、铁器等[⑤]”，马克1854年8月在黑龙江上看到的“这是乌苏里江江口的通古斯人的船，现在他们正从松花江上的依彻霍通（依兰哈拉）返回自己的故乡。他们经常做这类贸易旅行，用自己的毛皮交换黍米和其它一些日用品[⑥]”，张光藻的“每岁六月，布特哈官兵齐来纳貂互市，号楚勒罕，译言盟会也。其部人卓帐城之西北，稍东为买卖街，列肆陈货皆席棚，边人咸来互市，男女杂遝，市集最盛，故俗谓之北关集[⑦]”。并且张光藻还有诗作对其热闹景象加以

---

①[清] 吴桭臣：《宁古塔纪略》，载于《龙江三纪》，黑龙江人民出版社，1985.10版，第240页。
② [清] 林佶：《全辽备考·下》。
③[清] 方式济：《龙沙纪略》，载于《龙江三纪》，黑龙江人民出版社，1985.10版，第207页。
④[清] 曹廷杰：《西伯利东偏纪要》，载于《曹廷杰集》，上册，中华书局，1985版，第116页。
⑤[日] 间宫林藏：《东鞑纪行》，商务印书馆，1974版，第14页。
⑥ [俄] P·马克：《黑龙江旅行记》，吉林省哲学社会科学研究所翻译组译，商务印书馆，1977版，第217页。
⑦[清] 张光藻《龙江纪事绝句一百廿首》上海古籍书店1980版

描绘："边人远至纳貂皮，六月城关有定期。互市纷纷男女共，太平风俗自恬熙[①]。"

当然，由于交易机会极少，少数民族地区酒、烟、布匹、铁器等奇缺而需求颇大。加之俄、汉人利用机会欺骗讹诈，所以大多数的交易是在极不平等的条件下进行的。如"康熙初，易一铁锅，必随锅大小，布貂于内，满乃已[②]"。还有方观乘诗句为证："估客釜敲声在臂，虞人貂眩紫堆腰；相逢不用频争直，易釜惟凭实釜貂。（原作注：釜甑之属，极边所，少商贾，初通时以貂易釜，随釜之大小，貂满於釜，而后肯易）[③]。"可见不平等到了无法忍受的程度。以及后来交易机会增多、货物希缺逐步改善以后，人们也逐渐学会了使用一些必要的"贸易保护主义"措施。如1916年，鄂温克人"票德尔给俄商两千多张灰鼠皮，再加上几十张犴皮、猞猁皮，他所换得的却只是1 000斤黑面、100多斤白面、200公尺棉布和一些茶、盐。他感到这些物品不敷需用，和商人吵了一架，从此便断绝来往[④]"。

兽皮作为贸易商品一直持续到民族定居。他们还将兽皮成品用于交换和出售。兽皮及其制品的交换，对狩猎民族产生了多方面的影响。

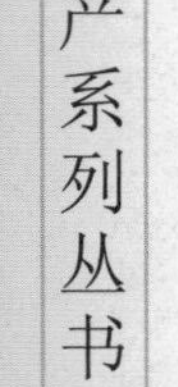

呼伦贝尔鄂温克民族博物馆展出的烟口袋

①[清] 张光藻：《龙江纪事绝句一百廿首》，上海古籍书店，1980版。
②[清] 杨宾：《柳边纪略》，载于《龙江三纪》，黑龙江人民出版社，1985.10版，第81页。
③[清] 方观乘：《卜魁竹枝词二十四首》。
④秋浦等：《鄂温克人的原始社会形态》，中华书局，1962版，第41~42页。

第四章 人与“神”的媒介

黑龙江流域各民族及其先民共同而普遍的信仰习俗是自然崇拜、祖先崇拜和多神崇拜，他们相信万物有灵，认为天地山川、日月星辰、水火雷电、岩石草木、禽兽鱼虫以及每一次人生活动都有专门的神灵主司。由于敬畏和信赖，他们就要千方百计与这些神灵沟通交流，以求取神的喻示、帮助、祝福或原谅。但是这并不是所有的人都能做到的，于是就有了专门充任人与神沟通交流的媒介——萨满。

萨满在与神沟通交流、举行仪式时需要穿戴特殊的服饰——萨满服饰。萨满服饰既是萨满身份的象征，又起着护佑与帮助其施展法术的作用。换言之，只有穿上萨满服饰、带上法具的萨满，才能与神沟通，否则他就见不到神，或者即使见到神也不认识他。从这一角度说，萨满服饰器具才真正是人与神的媒介。

萨满服饰是历史的产物，具有阶段性的特点，经历了起源、发展到消亡的历史阶段。而其中兽皮服饰时期是持续时间最长、萨满文化最鼎盛的阶段。

装束历来是表现形象的最重要手段之一，但是萨满装束是与人类装束相适应分阶段同步发展的。早期赤裸阶段，萨满（巫师）基本不着衣饰，他们崇尚披发、赤裸、袒胸、跣足，脸涂兽血，表现了自然、野性以及鲜血与生命在他们心里的位置。著名岩画研究学者盖山林先生在《贺兰山巫师岩画初探》一文中写道：“从有的人形图像展示于胸部的一根根肋条骨架看，与见于中亚费尔干山岭中的萨依马雷——塔什岩画、蒙古的依赫——阿雷克岩画中的某些作品，有着共同的风格……这种风格的作品，

在苏联（今俄罗斯）贝加尔湖和内蒙古阴山岩画中都见到过，这种风格的典型特征是凿刻躯干时有‘骨架’线条。原苏联学者A.H.伯恩施坦在研究中注意到了这类最为相似的现象在亚洲草原广泛流行，因此称之为‘匈奴风格’……这种奇异同时又很规范化的图像，不是别的，正是中国古代汉文典籍中屡屡提到的巫师形象……悉作裸体形，着重表现人物（巫师）的躯干、四肢和手指、脚趾……作舞蹈或祈祷状[①]。”

随着人类着装的伊始，萨满装束也进入披挂阶段。其中有鸟羽化的小罩、上衣、披肩、植物编织的裙饰，如羽衫、羽褂、钥帽；满族先世就曾经制成过供萨满穿用的“骨服”、“树皮服”、“鱼鳞披肩”、“龟纹披肩”、“贝壳披肩”、“东珠披肩”等。黑龙江省还现存一件很漂亮的骨披肩。

或者是同时，或者是紧跟着迅速地进入了“披皮为衣，振骨为铃”的阶段，即出现了兽皮神服。萨满们身披鸟羽翎、兽皮；把野兽的肩胛骨、野猪牙等拴在身上，手和足腕上套上骨饰和草环，头上系上兽角。这种装束在许多考古资料中可以得到证实。如：“在奥端纳文化时期出土了不少石雕女神像和岩画，在一幅岩画上，描绘了一个男子头戴鹿角，饰以长须和马尾，披着兽皮，正在跳舞。据研究者推断，这个人像就是一个巫师形象[②]。”后来又相继出现了兽皮制作或包裹的各种萨满神具（或称法器）。直到今天，兽皮在萨满服饰器具中占有越来越重要的地位。从某种意义上说，兽皮制成的萨满服饰器具是真正的人与神的媒介，萨满只有穿带上它们才能与神沟通交流，而在这前后，未穿和脱下它们的萨满仅只是一个普通的人。

一、皮制神衣

萨满神衣，鄂伦春语称“萨满赫依赫”，赫哲语称“西克”。有鱼皮制、兽皮制和布制等多种，早年以兽皮制最为普遍。

赫哲族的萨满神服分成神衣神裤两部分。凌纯声先生配发神衣照片

---

①盖山林：《贺兰山巫师岩画初探》，载于《宁夏社会科学 》，1992年第3期。

②宋兆麟：《人与鬼神之间 巫觋》，学苑出版社，2001.12版，第2页（引《世界各民族历史上的宗教》社会科学出版社1986版 27-39页）。

做了介绍："从前是用龟、四足蛇、短尾四足蛇、虾蟆、蛇等兽皮拼缝而成。现在已改用染成红紫色鹿皮，再用染成黑色的软皮剪成上述各种爬虫的形状，缝贴在神衣上……衣长53cm，形似对襟马褂，用三道皮条挽结作纽扣，衣缘绲有黑皮须边。衣的前面有蛇六条，龟、虾蟆、四足蛇、短尾四足蛇各两个；后面较前面少短尾四足蛇两个，唯两袖底有小皮带四条，似须下垂[①]。"

俄罗斯那乃族的神衣有袍服和短上衣之分。袍服男女都有，短上衣只有女萨满穿用。制作萨满神衣所使用的材料最初是鱼皮或鹿皮，后来是中

那乃萨满神衣

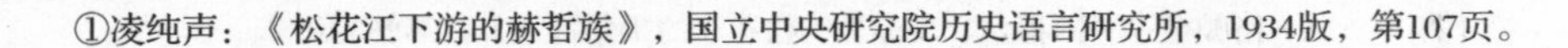

①凌纯声：《松花江下游的赫哲族》，国立中央研究院历史语言研究所，1934版，第107页。

国布和俄国布。形制大都也是正面开襟并用皮条系住，袖口和底边也剪成穗子。俄国特罗伊茨科耶地方志博物馆展出的那乃最后一位萨满林佳奶奶用过的神衣就是这种短上衣，彩色布料缝制；袖子极短，对襟，很有些像对襟马褂；袖上和底襟都缝有长短不等的布条；多处绣有蛙和四脚蛇。俄罗斯学者N.A.洛帕金记载："女萨满在日常的女袍外面套上一件无领、袖子宽而短的短上衣。从前这短上衣一定要用鱼皮缝制，近代用粗布缝制。袖缘和衣缘有齿形长锦或流苏。短上衣长度可遮住整个上体，为对襟。短上衣的前后均有图饰……女萨满在室外跳神时和为重病人跳神时，非穿短上衣不可[①]。"俄罗斯人类学家斯莫良克也记载："萨满莫洛·奥宁柯的神袍如下：前面正中绘有身穿清代袍帽的男子像，腰带两端下垂，这是天神桑吉亚。在他的两侧，与头部平行处，各绘有一条龙，龙下面绘有3只黄蜂，黄蜂侧绘有一只龟，在黄蜂和龟之下绘有一条四足蛇……所有这些虫、兽都是萨满的助手神[②]。"

从上述的描述我们可以发现，赫哲（那乃）族的萨满神衣有四大鲜明特点：1. 都绘有爬虫类和野兽图案；2. 早期都用鱼皮或两栖类兽皮制作，甚至"一定要用鱼皮缝制"；3. 袖下和底襟都有穗；4. 袖子腋下宽大。第一点很好理解，所绘图案都是萨满的保护神或辅助神。关于第二点，笔者在调查中曾多次访问一些赫哲老人，据说在通水神时往往都要穿鱼皮萨满服。我们认为，似乎应与鱼崇拜文化现象密切相关。赫哲（那乃）是以渔为主的渔猎民族，鱼是衣食住行须臾不可或缺的物质生活来源，把鱼作为精神支柱，甚而加以顶礼膜拜都在情理之中。"在不少赫哲老人中至今广泛流传着'赫哲族是鱼的后代'的说法[③]。"在赫哲传说故事《恩都力造人》中："天神恩都力先用泥捏了一条大鱼，接着又捏了十来个有鼻子有眼睛有胳膊有腿的泥人。这时天下起了雨，恩都力怕小泥人被雨淋坏，便把它们放入鱼口内避雨。待到天晴，小泥人欢蹦乱跳地从鱼口中自动跳出来[④]。"这暗示了人是在鱼的体内获得了生命，也就是说赫哲人是鱼的子孙后代。

---

①[俄] И·А·洛帕金：《阿穆尔、乌苏里、松花江的果尔特人》，第263页。
②[俄] 斯莫良克：《萨满：萨满其人、功能、宇宙观》，第221页。
③徐昌翰 、黄任远：《赫哲族文学》，北方文艺出版社，1991.12版，第35页。
④黄任远：《赫哲那乃阿伊努原始宗教研究》，黑龙江人民出版社，2003.4版，第45页。

后两点可能与寓意萨满的"飞翔"和"渡越"有关。俄罗斯国立托木斯克大学博物馆收藏的一件西伯利亚埃文克人的萨满男长衣，呈"燕尾服"状，在表现上可能属于"鸟服"。在袖子下面接缝着饰有图案和鹿皮革穗子的窄鹿皮革块，极有可能是表示鸟翼。张嘉宾先生在评论"两袖底有小皮带四条似须下垂"的赫哲萨满神衣时说："这神衣如展开两袖平铺着，看去似一只展翅而飞的大鸟①。"试想，萨满穿上这样的神衣，跳起动作怪诞的"神舞"，信仰笃诚的人们看上去的确似飞如翔。或许还与西伯利亚和三江流域赫哲（那乃）等渔猎民族普遍存在的鹰崇拜文化现象密切相关。在赫哲"伊玛堪"中，几乎所有的"莫日根"（英雄）无一不在其英雄经历中出现一位或数位美丽的"德都"（姑娘）或是凶残的女人，她们都能时而变成"阔里"在空中战斗，或者帮助英雄战胜邪恶，或者阻碍英雄的胜利，据说她们都是萨满的历史原型。更有甚者说"第一个萨满是由'鹰变的，或是天与鹰的女儿'"②。

鄂伦春族神服是由神衣和神裙组成，神衣一般用去毛的鹿皮或犴皮染成黄色，再制成无领对襟长袍。神衣的装饰，不仅有自然崇拜物与动物图腾崇拜物的造型，而且有各种花草图纹。

黑龙江省博物馆收藏有一件20世纪50年代的鄂伦春皮质萨满服。这件神服看上去很古老、沧桑。身长86cm，胸围120cm，无领，前开襟，黑布镶边，缀有5个不同的金属扣。神服上布满许多小物件：蓝布披肩，前后各长20cm，镶黑布边，上面规律地缀着许多白扣，底边缀有铜铃、串珠及铜币；胸前配有9面护心铜镜（应左右各5面，现右胸缺一）；铜镜之上左右各有7个葫芦形求子袋；两肩、腋下及后背有80多条彩色布条、皮条和刺绣的长布片，它象征着羽毛，在萨满跳神舞时，彩条就像飞起来一样。腰下彩条上挂着小铜铃；腰铃由22对喇叭状金属管，成对缀在腰两侧；10把木剑挂在腋下的彩条上，每边5个；底边有两层割成细条的犴皮，条长20多厘米，增加了衣服的长度。据文物资料记载，这件萨满服是20世纪50年代鄂伦春妇女制作的。宋兆麟先生60年代到大兴安岭调查时，

①张嘉宾：《黑龙江赫哲族》，哈尔滨出版社，2002.4版，第185页。
②黄任远：《赫哲那乃阿伊努原始宗教研究》，黑龙江人民出版社，2003.4版，第271页。

还看到一些女萨满在跳神，并征集了两件萨满服。他说，1991年再度调查时，已经没有萨满了，两件神服已成为文物了。这两件神服现在国家博物馆收藏。上述黑龙江省博物馆的神服是否是萨满服原件，尚无资料记载，但“20世纪50年代鄂伦春妇女制作的”也就弥足珍贵了。

鄂伦春族萨满服饰，由于地区不同及萨满的种类不同，也有一些差别。如女萨满和男萨满、“阿娇儒”（氏族）萨满和“得勒库”（流浪）萨满、老萨满和新萨满等，他们的神服都各具有自己的特色。就是同一地区、同一种类萨满的神衣，也不尽相同。据韩有峰研究：大小兴安岭地区萨满服饰虽然大体相近，但有些差别。“女萨满服要比男萨满服精巧些，绣制的花纹和图案也更精美些。‘摩昆’萨满服的图案、花纹及飘带等，黄色的较多，而‘得勒枯’萨满服里，黑色较多……两地区对神衣衣袖的装饰有所不同，大兴安岭地区在神衣衣袖上绣有龙、龙爪、乌龟、扎枪头等图案，并装钉有‘布基兰’（著者按：小铁片制成的小喇叭状物）、‘塔卡’等物，而小兴安岭地区的神衣袖上除绣有扎枪头外，多绣有云字花边和其他图案，不缀钉‘塔卡’，而是在上袖筒的边沿钉有多个小铜铃。大兴安岭地区神衣的前襟下端为皮条，而小兴安岭地区是缝有厚彩布飘带。两地区神衣上钉挂的铜镜数也不相同，大兴安岭地区是前胸挂12盘，后背挂5盘，而小兴安岭地区是前胸挂13盘，后背挂7盘[①]。”

黑龙江省民族博物馆、黑河爱辉纪念馆、黑河新生乡展览馆和呼玛县白银纳乡博物馆都有皮制鄂伦春萨满神衣收藏和展出。省民博的是由去毛的鹿皮制成，衣长110cm，胸围85cm，袖长43cm；衣领后部绣有云龙；前后共掛有19个素面铜镜和18个铜铃。黑河和白银纳的应该说是比较典型的鄂伦春神衣——肩部都缀有一只布制或木制布穗的布谷鸟。

神服的制作由女萨满和指定的氏族妇女完成。神服上的佩饰多是前世萨满传承物，往往一件神服需要耗费一两年甚至三五年的时间才能完成，可见神服的珍奇与稀有。同时，萨满离世后，有的氏族将萨满法器随葬，有的氏族将神服传给下一代萨满。时代的变迁、历史的发展中，真正的

①韩有峰等：《鄂伦春族历史、文化与发展》，哈尔滨出版社，2003版，第267页。

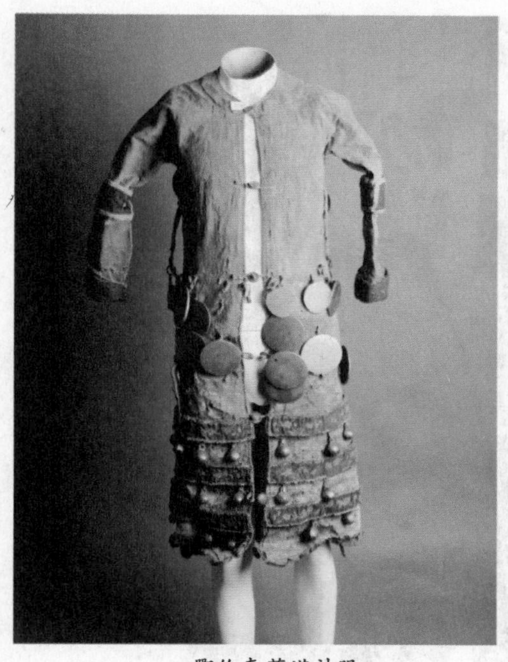
鄂伦春萨满神服

黑河爱辉纪念馆展出的萨满服

萨满服饰原件传承下来的寥寥无几。

一件黑龙江流域萨满神服原件——由真正的萨满穿着参加过萨满仪式的——鄂温克族女萨满纽拉的神服可能是鄂温克族现存的唯一一件。而且笔者对它的发现和考证也经历了几多复杂和曲折，颇耐回味。

在黑龙江省民族博物馆展厅里，展示着一套萨满神服和神鼓。笔者每每驻足其前，凝视着它的容颜及其林林总总的披挂佩饰时，都油然产生一种探寻其中奥秘的冲动。它到底存储了多少文化信息，又蕴涵了多少神秘的故事呢?

它就是鄂温克族颇具代表性的萨满神服的复制品，神衣是由鹿皮制作，鹿皮熟制得非常柔软，制作的手工也非常精细。神服上缀满了各种动物神偶和自然神灵的象征物，有日、月、星、雷、蛇、天鹅、布谷鸟、鱼、熊、野猪等；护胸上缝制铁制佩件20余件，中部有一小铜镜，镜中央有一铜钮；袖子、前胸、后

新生乡展出的萨满服

背、神裙等处还缀有大小铜镜等饰物。

为了调查比较各地的萨满服饰，笔者多次到呼伦贝尔鄂温克民族博物馆。在黎霞馆长的关照下，我不但进行了仔细地观看了解，并且拍下了他们展出的萨满服饰。这里展出的有通古斯鄂温克、索伦鄂温克、敖鲁古雅鄂温克的不同地区的萨满服饰。这些生活在狩猎、驯鹿、农耕和畜牧的不同区域里的鄂温克萨满，既创造了本民族共同的特点突出的服饰，也演化了区域性的不同风格。

其中索伦鄂温克居住范围比较大，凡是居住在呼伦贝尔盟境内，莫力达瓦、达斡尔旗自治镇、鄂温克自治旗、阿荣旗、扎兰屯市和黑龙江省一带的鄂温克人，多数属索伦部系统氏族部族。在鄂温克博物馆里展出了两件不同风格的索伦部的萨满神服。一件是由神袍、坎肩、神裙三部分组成的。式样为对襟长袍，是由白色布料制成，黑色坎肩前片贴着贝壳，双肩系着一对布鸟，双袖饰有三条黑色环形条带，分别在肩下、肘和腕部，腰下裙部间隔均匀地饰有三条宽10~15cm的黑色绣有花卉的饰带；神袍的前面中部挂着30个圆铜片，神裙饰两排16个铜铃，腋下系两条索状长绳。头上是两叉布质仿鹿角神帽。这件神服所代表的索伦部，由于较早开始杂居于其他民族中，其文化水准达到了与周围民族同等历史水平。所以他们所固有的鄂温克民族萨满神服上的鹿文

索伦鄂温克神衣

索伦鄂温克神衣

化、蛇文化以及其他图腾信仰文化的标志物都处在发展演变过程中。同时，他们还受到达斡尔族及周围农耕文化的影响，出现了一些鸟的造型。

另一件索伦部的萨满神衣，则是代表扎兰屯、阿荣旗及黑龙江省的索伦系统的鄂温克人。这是一件以红色为基调的对襟神袍，披黑色镶贝壳的坎肩，双肩有相对的两只鸟，两袖肘、腕部镶两条环形黑布，肘部绣金色龙纹，腕部绣波纹，形似清代马蹄袖，裙部前面相间饰三条绣各色纹饰的黑色条带，下摆镶黑边，腋下有白色绳样条带，前胸两个竖长形白口袋，后裙为各色飘带。神帽为佛教的“五福冠”所代替，而且5个莲花瓣造型上，出现了佛的形象。这件神衣上的造型艺术标示着巨大的历史性演变。以从事农业为主的鄂温克人开始接受中原地区传统农历文化的内容，对神裙上的飘带也有了新的解释。12个飘带代表一年的12个月，加上短飘带后则代表一年24个节气，12个长飘带的顶端还绣上了12属相图案。

通古斯鄂温克部落的神服也有明显的个性特征，由神袍、护胸兜和神帽组成。“神衣同样以鹿皮制成……而没有神裙[①]。”他们的神袍为长筒形对襟式袍服，紧长袖，在左袖下方中缀饰宽约15cm，长约18cm的红蓝相间的蛇形布垂饰，前胸两条蓝红相间的布长蛇，蛇头均朝下，还有两条以布缝制的圆筒形蛇的造型，使蛇形立体化，有别于其他平面形布饰。神袍下摆也是剪成的细皮条（以此代替古代所用的面具）。这件神服除仍保存了部分鹿文化外，构成了鄂温克以蛇为图腾的典型的“蛇文化”特征。

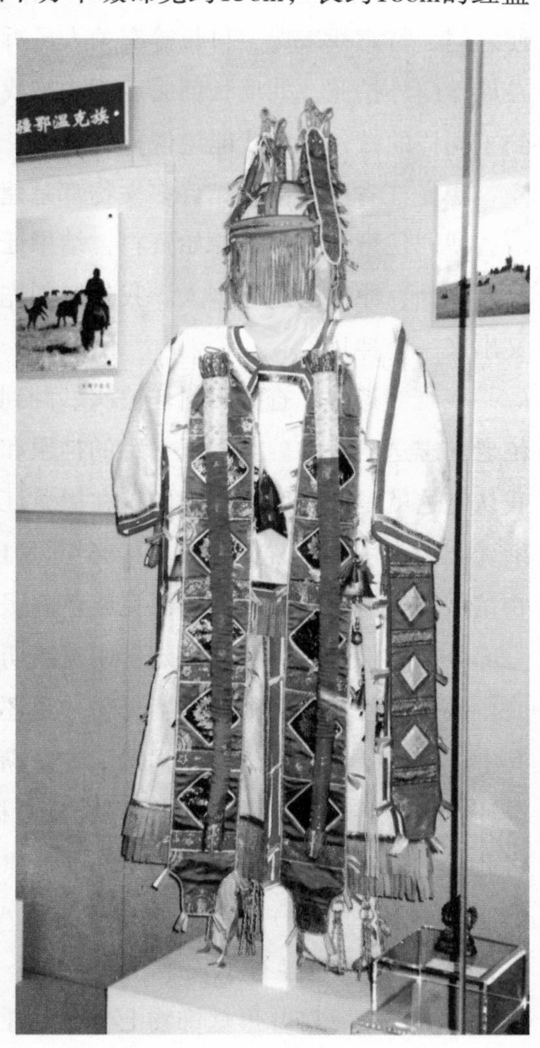

索伦鄂温克神衣

上述几件神服都是请民族老人根据回忆新制作的展品。

而最能令人为之一振的是

①鄂·苏日台，《鄂温克民间美术研究》，内蒙古文化出版社，1997.9版，第36页。

一件敖鲁古雅鄂温克人的萨满服，据介绍这是复制的纽拉萨满的神服，与黑龙江省民族博物馆陈列的孪生一般的相像。

回馆后，脑海里始终有个疑团。正巧，有一天，我接待了丹东市文化局长刘桂腾。他为完成萨满乐器研究的课题，已经跑了许多地方搞调查。那日阴天，寒风袭人，他带着一路风尘，特意到黑龙江省民族博物馆拍照鄂温克族的萨满鼓。展厅内本来就暗，陈旧的展柜上又贴了封条，这样拍出的照片实在无法使用。我深知学者搞研究的难处，也为他的执著大开方便之门，特意找来保卫科长等有关人员拆开展柜的密封条，取出神鼓神槌在展厅门外拍照。刘局长回去后再次与我联系，说在内蒙鄂温克地区也见到了同样的鼓，希望我能说说神鼓来源。

黑龙江省民族博物馆许多文物都是建馆时从省博物馆调拨的，为此我请省博同仁帮忙查阅了原始资料，结果证实这件神鼓和与之配套的神具都是复制品，原件已返还本人。我告知刘先生后仍不甘心，神服疑团未解，又出来一套神具。

我继续追寻，查找资料。一次，翻到几张神具照片，是刚到馆时，一位老同志送给我的。其中那熟悉的神服和神鼓让我眼前一亮，再三比较，我认定这就是原件照片。随即，在黑龙江省博物馆档案资料中查找到了一纸《文物借用单》，写明“从1986年4月14日至5月10日，黑龙江省民族博物馆借用省博物馆收藏的鄂温克族萨满服复制”。并详细记录了文物的每一部分及饰件。原件照片正是借用复制期间拍摄的。

那么原件究竟在哪里呢？一份《退还文物清册》给出了第一条线索，其中详细记录：“由于文物捐赠人老萨满纽拉，对所捐赠萨满衣多次要求退还本人，经黑龙江省文物管理委员会批准，黑龙江省博物馆领导同意将此文物退还本人。……明细如下：1.神衣：（一件）对襟；有三条皮条做纽扣（缺少一条），下边有皮飘带十八条。前胸：有四面铜镜（右3，左1），腋下每边各有小长条铁饰物九个，袖上每边各有三个铁饰物。后背：铜镜四个，柳叶形铁饰物七个，月牙形铁饰物一个，龟形铁饰物一个

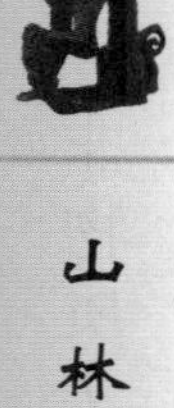

（连着2条十节铁链），飞鸟形铁饰物二个，鸭形铁饰物二个，环形铁饰物一个，皮条一个（分三条，下有小皮条七个）。右袖：柳叶形铁饰物五个，龟形铁饰物二个（其中一个缺少一爪），皮穗六条，长条形铁装饰二个。左袖：柳叶形铁饰物十个，小铜镜二个，皮穗七个，长条铁装饰二个。2.神裙：（一件）人字形铁饰物二个，长条形两节铁饰物二个，鸟形铁饰物二个，狼形铁饰物二个（用十一、十二节铁链系在环上），短皮飘带十五条，长皮飘带十五条，长绳皮穗十条，毛皮穗九条。3.前胸褂：（一件）右侧：大鸟形铁饰物一个，鸭形铁饰物九个，柳叶形铁饰物一个。左侧：大鸟形铁饰物一个，鸭形铁饰物十二个，柳叶形铁饰物一个（用七节铁链联接）。中间：铜镜一面（铜镜中间有一个铜扣）。下面：有绳穗八个（三个缺穗）。4.神帽：鹿角形铁帽一个（其中：一角仅剩二叉）。红黄布条四条，帽衬一个，有绳穗十八条，皮飘带一个（下连接三个皮穗）。5.神鼓一个（鼓帮残一处）。6.鼓锤一个（皮毛的，上有两个铁圈）。7.伏鞍一个。8.驮斗两个，其中有一个有两处残。9.肚带两条。10.饰件三个。黑龙江省文物管理委员会（章）负责人签名；黑龙江省文博处（章）负责人签名；黑龙江省博物馆（章）负责人签名，保管部负责人签名，经手人签名。由黑龙江省民族事务委员会协助我取文物（章）24/5-86，呼伦贝尔盟民族宗教办事处负责人签名 86 24/5；捐赠人：巴拉杰依。此清册一式三份，送交黑龙江省文物管理委员会一份，送交黑龙江省博物馆一份，由捐赠人保留一份。”

《清册》与《文物借用单》所载文物明细完全一致。唐戈在他2000年出版的《在森林在草原》中也说：“大麻涅的母亲叫‘牛拉’，94岁了。是雅库特鄂温克人中最后一位萨满。也是目前世界上年龄最大的萨满。不久以前牛拉还住在山上，后来有病才住到乡里。牛拉有一件萨满服……‘文化大革命’中……牛拉的萨满服就辗转到了黑龙江省博物馆……‘文化大革命’结束后……牛拉在她的二女儿的陪同下来到哈尔滨，索回了自己的萨满服……但答应给黑龙江仿造一件同样的萨满服。牛拉的萨满服现

藏呼盟民委……仿造的那件藏于黑龙江省民族博物馆[①]。”

这就不难推知：纽拉神服的原件“文革”期间到了黑龙江省博物馆，1986年4月14日至5月10日，被黑龙江省民族博物馆借用并复制，同时拍了照片，1986年5月24日被纽拉母女要回。我手中的照片是原件照片，省民族博物馆展出的是按照原件制作的复制品。

那么，纽拉神服被取回之后下落如何呢？刘局长在鄂温克地区看到的神鼓是原件吗？正当我计划到奥鲁古雅一探究竟时，蓦然在孟慧英教授的《寻找神秘的萨满世界》一书中找到另一条线索，至今清晰地记着那怦然

纽拉神服

①唐戈：《在森林在草原》，新疆人民出版社，2000.2版，第201~202页。

心动的一刻。书中记述："著名女萨满纽拉的神服，现在陈列在当地鄂温克博物馆中。"

孟慧英教授是研究萨满教的专家，曾做过大量的田野调查，对纽拉的萨满服也做了认真的研究和详细的记录，她说："纽拉萨满服上有象征彩虹的标志，它是神灵降到人间的天桥，各种神灵器件都挂在彩虹上……天鹅神代表广阔的天空，布谷鸟代表广阔的森林，两个噶黑鸟是萨满灵魂的运载工具，野鸭神代表九仙女，突突鸟代表萨满神舞蹈，鱼群代表生殖和发展，鹿角叉代表萨满神力，提拉鸟代表悦耳动听的萨满曲，铜镜传递神灵消息，帽子架子代表头颅，帽子穗子代表头发。她的袍子背面有人体器官符号，像肩关节、肱骨、肘关节、肚脐等。她萨满服上的太阳代表母亲，月亮代表父亲，此外还有启明星、雷神、电神等。还有象征性的脊椎骨、关节骨、臀骨、肋骨、大腿骨、小腿骨，以及血管等……这是目前国内最原始的鹿皮萨满服[①]。"

看着孟教授书中神服的照片和记录，对照手中神服的照片和原始记录，我认真仔细地对比着每一个部位。纽拉萨满的神服取回去之后又进行了修补。原来前胸褂（护胸）上鸭形铁饰物（天鹅）左侧12个，右侧9个，缺少的部位被补上了，现在已经整齐地排满了两排"36只天鹅及布谷鸟"；前胸原4面铜镜，右3左1被调整为对称的左右各2，后背的4面铜镜被增加为1大6小；右袖上两个龟形铁饰物也调到左袖一个，成对称状；神裙上增加了熊神；神帽的铁制鹿角也做了修整，使得这套萨满神服更加完整了。

纽拉是大兴安岭中"最后走出原始森林的狩猎民族"中著名的女萨满。"纽拉本人讲述，她的哥哥格列西克在17岁时当萨满，不久病故，从此14岁的纽拉精神失常，久病不愈，经萨满跳神治病，认为她当萨满才能痊愈。纽拉被疾病所迫，从16岁开始师从于布利托天氏族有名的女萨满敖力坎（原作注：敖力坎的师傅是鄂伦春族萨满，名为敏其汉），经过3年苦练，18岁时正式成为萨满[②]。"纽拉做了萨满之后为许多人治好了病，

①孟慧英：《寻找神秘的萨满世界》，西苑出版社，2004.10版，第133页。
②卡丽娜：《驯鹿鄂温克人文化研究》，辽宁民族出版社，2006.7版，第233页。

还带了徒弟，名气越来越大。她曾举行过4次奥米那南仪式，神帽戴到了九叉鹿角帽。由于在与另一个萨满的争斗中失败，后来神帽从九叉减到六叉。在她80岁高龄时，为学者研究萨满文化的录像特意穿上神服，在敖鲁古雅森林中举行一次“祭天仪式”，留下了宝贵的音像资料。1997年，已是96岁高龄的纽拉去世。

鄂温克族萨满神服其突出的特色是佩饰众多和鹿皮质地，从整体观感上表现了原始、古朴、粗犷、豪放的民族性格。从宗教信仰上分析，这些佩饰是反映了鄂温克人的自然崇拜、动物崇拜、图腾崇拜、祖先崇拜的综合体。从时间概念上看，它应该是铁器传入该地区之后的产物。据调查所知而得出的浅见，纽拉的神服和法器有可能是目前我国鄂温克族保存下来的唯一一件萨满服的原件，保留着比较原始的状态，展示着鄂温克族萨

埃文基–乌德盖助理萨满神衣

哈巴地志博物馆展出的萨满神衣

满文化的突出特色。纽拉走了，正如孟教授所说：“现在纽拉可以告别自己的萨满身份，回到她的神灵那里。”按照传统她应该带着萨满身份的象征、带着她的神灵——神服和法器离开人间（随葬）。但是她没有，她把它留给了人类，把那段历史留给了今天，这是为民族作的贡献之一，也是为民族研究留下的宝贵财富。

但是，时至今日，这套颇具传奇色彩的萨满服原件，究竟是在纽拉后代的手中，还是在呼盟民委保存，抑或在敖鲁古雅博物馆收藏，对于笔者和很多人都仍是一个不解的谜团。

俄罗斯哈巴罗夫斯克地志博物馆展出有两件皮制萨满神衣。其中一件标明“埃文基-乌德盖助理萨满神衣”，与纽拉神衣风格极其相似，透露着早期通古斯萨满神服遗风。与其风格迥异的另一件，如果不是前襟画满了各种萨满助手神的图像，就与普通偏襟皮大衣没有差别。

达斡尔族的萨满服由神帽、法衣、披肩、神裙、皮条等组成。质地随时代不同有所变化，多用犴皮、牛犊皮、帆布或普通布。同样经历了兽皮神服的阶段，但因使用棉布制作神服比较早，以致现在各博物馆收藏的神服大多为布制的。法衣称“扎瓦”，亦称“萨玛什克叶”。达斡尔族的萨满服以精致漂亮著称。到近现代基本形成规制，样式为对襟长袍，领口至下摆缀有8个大铜纽，长袍左右大襟上各缀有30个小铜镜，背部缝制1大2小（有的1大4小）的铜镜。在两袖及长袍左右下摆处缝有绣着花纹的12条黑色大绒布条，下摆的绒条上缀有小铜铃。披肩，达斡尔语称“扎哈尔特”，也有称为“木日库其”的，套穿在扎瓦上，上面镶嵌有360只小贝壳，肩部缀着两只木制或布制的小鸟。

在黑龙江省民族博物馆、齐齐哈尔市梅里斯达斡尔民族区的哈拉新村展览馆、莫力达瓦达斡尔民族博物馆都收藏和展示着这样的萨满服饰。它们有用兽皮制作的，也有用布缝制的。这些萨满服基本都是现代复制的。当然，这些请民族老人制作的萨满服对于研究、展示和保护文化遗产等，很有意义。但真正的萨满使用过的原件保存下来的极少。

据碧力格在《北方民族萨满的服饰和法器》一文中介绍："齐齐哈尔麦萨拉地区阿日勒村的哈萨满现存的神衣重量为79.5斤，这是保存到现在的最后一件'扎瓦'。用熟得很柔软的犴达犴皮或牛犊皮裁制的对襟长袍，袖子和腰身下摆都很瘦，扣上扣子后不能迈大步[①]。"但不知这件萨满服现在何处。20世纪90年代我们见到一件齐齐哈尔达斡尔族萨满服，由于当时没有经费收藏，物主人将其送到了北京。后来我在北京见到文物专家宋兆麟先生时，他说："我鉴定了一件你们黑龙江送来的萨满服，非常好。你们怎么没留下？"我在十分惋惜的心境中，又格外庆幸：它终究是被我们民族研究部门收藏了。据说，险些被一位外国收藏者购走。该神服会不会就是哈萨满的法衣，或者又是一件达斡尔族仅存的萨满服原件呢？无论如何都是我们黑土地上珍贵的文化遗产。

满族萨满服饰，在早期祭祀活动中，首先经历了其先民的裸身、披挂阶段。如富育光先生介绍，满族先民古代在一些水祭、海祭、天祭中，萨满常用树叶、野草、兽皮等物将阴部遮上，其余均光身露体。除裸身祭祀外，披挂佩饰是最早萨满服饰的形式，兽皮就是较早披挂佩饰之一。满族萨满出于多种信仰，将多种灵物佩身，后渐形成固定的披挂物。萨满服饰正是在此基础上产生的，形成了鸟羽化的小罩、上衣和植物、兽皮的裙饰等相对稳定的萨满服装。萨满服饰成型后，萨满又根据多种信仰，将各种有神灵意义的佩饰作为附加物佩带或系挂到神服上，神服逐渐地丰富规范起来。

在《两世罕王传》、《乌布西奔妈妈》等传世长篇口碑文学中，萨满上身白光耀眼，是由羽毛编成的羽服或用东珠串编的光服。可见满族萨满服有羽服，后来又有鱼皮、鹿皮、狍子皮、虎皮等兽皮制作的。

从文献资料和研究学者的著述中，可以看出，满族的萨满服曾有过纷繁复杂、光怪陆离、华贵规范的时期。后来经历了一个由繁到简的过程，乃至最终服装的配饰已经极其简易与淡化。苏联满学专家玛·帕·污勃科瓦的《尼山萨满传》中，刊载了1909年阿·污·格尔本什其库夫，从居住

①碧力格：《北方民族萨满的服饰和法器》，载于王叔磐主编：《北方民族文化遗产研究文集》，第297页。

在黑龙江爱辉市附近的满人德兴格手中征集到的一张全副武装的尼山萨满图。其上可见到满族萨满服饰和法具的大概——“服饰日趋简单，只留下衣袖和小鼓……满族人称萨满法衣为‘魔鬼服’[①]。”

近代较早地使用了棉布制作，现存的基本都是现代简约化的神服，布匹绸缎质地较多。清代祭祀被规范化之后，满族家族祭祀祖先活动中跳萨满舞穿的萨满服基本统一。

从上述一系列介绍中可以看到，黑龙江流域各民族的萨满神衣有一些共同特点：1.早期都有兽皮制作，且尤以鹿皮、犴皮为多；2.佩饰丰富，而突出的是布谷鸟和铜镜。第一点前已述及，而第二点原因何在呢？

乌丙安先生的论证很充分，他说：“布谷鸟是满族、达斡尔族、蒙古族都崇拜的灵鸟。这种鸟虽然与氏族族源也有联系，但与萨满的春祭、田祭却更为紧密相联，它啼鸣的特殊声成为天神报季节的信号。它本身又作为一种精灵，由萨满跳神时请来禳解灾病。萨满跳神请布谷鸟神灵时，边摹仿布谷鸟飞落，边唱出‘哥咕、哥咕’的布谷鸟鸣声。至今，这种古老的萨满跳神对歌舞的影响还很深。达斡尔族在围着篝火跳‘罕伯’舞时，总要先由女舞蹈者学布谷鸟叫几声后再开始跳。‘罕伯’舞又称‘鲁日给勒’，是‘燃烧’的意思。赫哲族萨满在请神跳神时也请来布谷鸟神，称其为保佑部落的神灵，报春迎新的克库布谷鸟神[②]。”赫哲族的《请神词》是一个很好的例证：“呼古牙格，呼古牙格……那传递信息的托布通棒槌鸟神，那报春迎新的克库布谷鸟神，请你们立即展翅飞翔，敬请那部落的保护神灵，让他们前来接受我们隆重的祭奠，分享我们虔诚的供品和圣克烈香烟[③]。”据说，“还愿大祭、跳鹿神，首先要唱请神词，一一唱点所请神名，待神灵人位后，请他们纳祭。萨满治病，首先也要呼唤神。伊玛堪中的此类唱段都遵守这一定规。我们在民俗材料中见到一首请神歌原型，可以说它是赫哲族请神歌的一个标本……

十五个‘托罗’（鸟神），

九个‘伊格墩’（布谷鸟神），

①碧力格：《北方民族萨满的服饰和法器》，载于王叔磐主编：《北方民族文化遗产研究文集》，内蒙古教育出版社，1995.6版，第299页。

②乌丙安：《生灵叹息》，上海文艺出版社，1999.1版，第121~122页。

③郭崇林：《民间仪式歌谣与民俗文化生活》，载于郭崇林、郭淑梅、杨福臣主编：《龙江春秋 黑水文化论集之三》，第122页。

十五个‘秀陈’（老鹰神），

九个‘科库’（杜鹃神）[①]”。

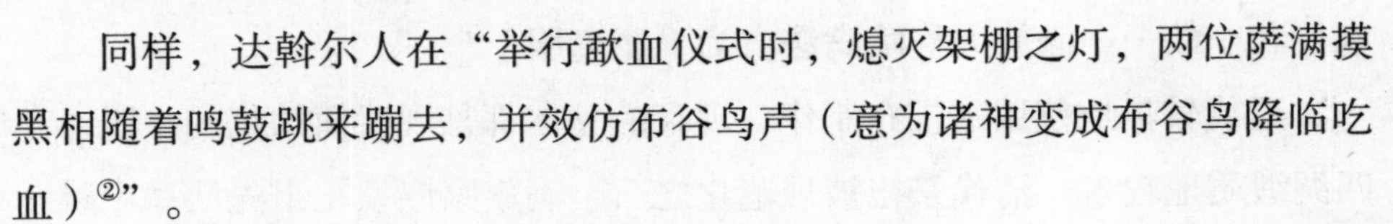

同样，达斡尔人在“举行歃血仪式时，熄灭架棚之灯，两位萨满摸黑相随着鸣鼓跳来蹦去，并效仿布谷鸟声（意为诸神变成布谷鸟降临吃血）[②]”。

而鄂伦春人把布谷鸟视为神鸟，严禁伤害。可能不仅仅是因为它虽小，但鸣叫声清脆响亮，能够传播到很远的地方。大概还与他们把恶魔变成驯鹿的英雄传说有着紧密的关系。《白依吉善的故事》描述：鄂伦春善良的年轻猎人白依吉善，在山中救了很多受伤的人和包括白布谷鸟在内的弱小动物，把女妖等恶魔变成驯鹿供鄂伦春人役使。然而，他被自己的朋友残忍地谋杀了，并要焚尸灭迹，“就在这一刹那，一只白布谷鸟飞来，从火堆里抓起白依吉善的尸体，腾空而去……白布谷鸟穿云破雾，一直把白依吉善带到黑龙江的源头肯特山顶。白布谷鸟用黄芪蘸着肯特山的泉水，洗净了白依吉善的伤口。在岭上树叶落尽时，白依吉善的伤口已经全部愈合了。但他一直昏睡不醒……白布谷鸟守在他的身旁，开始用自己身上的羽毛为自己的恩人编织斗篷，它拔一根羽毛，流一滴血，它拼死为白依吉善编织成了一件大斗篷，把他的身躯遮掩得密不透风，直到全身羽毛拔光，鲜血流尽，白布谷鸟就死在他的身旁了”。后来日依吉善复活了，“羽毛斗篷像翅膀似的将他托在空中飞翔”，他找到了自己心爱的姑娘，过上了幸福美满的生活[③]。

神衣上的铜镜是所有民族的萨满概莫能外的，并且大部分民族把铜镜都叫做“托力”，但佩带的数量、部位、大小和寓意有所不同：赫哲族萨满铜镜最小的直径约有5cm，最大的可近35cm。黑龙江省民族博物馆现收藏的，直径从5.2cm到19cm不等。跳神时，把最小的带在里边，这是护心镜；外边带大些的，由下而上渐大；背后挂最大的。一般胸前挂3、5或7面，背后挂2或3面。鄂伦春、鄂温克的尺寸差别远没有赫哲那样显著，数量似更多，一般前胸有6个，后背外饰有5个。个子高的男萨满神衣胸饰有

①孟慧英：《.萨满英雄之歌——伊玛堪研究》，社会科学文献出版社，1998.3版，第132页。
②孟志东主编：《达斡尔族研究（第四辑）》，内蒙古达斡尔历史语言文学学会，1989.12版，第340页。
③隋书金编：《鄂伦春族民间故事选》，上海文艺出版社，1988.9版

12个圆铜镜，后背饰有5个圆铜镜。达斡尔族的数量更有30个之多，有的多达36个，象征城墙。而次序与赫哲恰好相反：挂在胸前正中的护心镜最大。满族以围在腰间居多，还有的拿在手里。

寓意除城墙之外还有一些。我们比较倾向于日月星辰崇拜说。它阐述："对太阳的崇拜是由于生活在北方的古人类部落，对冰雪严寒的畏惧产生的祈愿。萨满教中以极大的热诚崇奉太阳之神。满族神谕传说载：最早的女萨满是只白海东青（一种鹰）从东方背来的，女萨满携有唯一一件神器是光芒四射的石饼，即太阳的魂魄，叫'顿恩'，意为'光芒的太阳'。从许多老萨满记述祖先遗言中可知，萨满胸前所佩的铜镜（满语为'托里'）象征着太阳的光芒，是避邪秽、照妖魔、探神路的重要宝器。而后背挂着的神镜代表月亮，神衣、神裙等处嵌着的晶莹闪光物件则是宇宙的星辰[①]。"

二、皮制神裙

黑龙江流域，在不同的民族和地区以及不同的历史阶段，萨满神裙的种类、质地和形制，都差别极大。

就说形制，就我们目前所知之愚见，至少有两大类：飘带裙和围裹裙。

飘带裙是使用最广泛的一种神裙，又分为单一幅和前后两幅。因其坠着各种颜色的布条和皮条，且条带排列整齐密集，长度又超过裙体腰很多，反而成了裙子的主体，所以称为"飘带裙"或"条裙"。

黑河爱辉纪念馆展出的萨满神裙

①陈思玲、刘厚生、陈虹娓编著：《道教、萨满教》，吉林人民出版社，1996.8版，第52页。

纽拉萨满的神裙

黑河爱辉纪念馆展出的鄂伦春族萨满神裙就是一条典型的单幅飘带裙：裙体约40cm×20cm，绣有精美的几何纹饰图案，其下缀有刺绣各种纹饰的各色条带，双层排列，长短各12条。

赫哲族也有类似的"飘带裙"，文献记载："神裙腰部是狼皮做的，穗子是由各种兽皮做的，每隔一条兽皮穗子，加杂一条棉布穗子。其长过膝，无固定数目。如无兽皮裙子，也可用棉布裙子代替[①]。"凌纯声先生20世纪初叶采集到的赫哲人萨满神裙，是典型的前后两幅式"飘带裙"，幅宽约50cm，长25cm，四周有6~7cm的深色边框，中间布料颜色较浅。上两角各缀一细长布带，以备穿用时系结。腰带用鱼皮制成，裙上饰有铜铃、铜镜和爬虫图案，群底缀饰飘带。其中一个神裙较新，前幅有铜铃9个，小铜镜5面，龟、蛇、四脚蛇各3只，珠苏3串，求子袋9个，布飘带20条，皮飘带4条；后幅有铜铃4个，布飘带22条，皮飘带4条。萨满级别越

①《民族问题五种丛书》：黑龙江省编辑组：《赫哲族社会历史调查》，黑龙江朝鲜民族出版社，1987.3版，第172页。

高，饰物越多。

达斡尔族神裙也是一种典型飘带裙，又称条裙。早期是用兽皮，后多用黑大绒布。飘带一般有12条，代表12个月，也有6个布条，大萨满的神裙是双层布条，上面加上的12条象征12种神树或飞禽，说明他的神灵全。不同的是达斡尔族神裙，是在长袍背面腰部以下。

鄂温克族纽拉萨满的神裙有着更鲜明的特点：鹿皮制的裙腰高向变窄，而宽向加长，用红蓝两色涂成相间的横向条形纹饰，远看恰似一道彩虹；飘带以鹿皮本色为主，同样用红蓝两色涂上有间隔的横纹，可能是模拟美丽的飞鸟；每条飘带下端又剪成多条皮穗，与鸟羽极其神似。

对于象征彩虹的条带，有资料解释：“在萨满神服的单独部分中，需要提及的是特制的鹿皮革飘带。这种飘带长约1.5米，宽约20厘米，巴温特湖（巴尔古津）埃文克人称之为谢留。在埃文克语中，谢伦一词表示‘虹’。这些条带的装饰特点同它们的名称完全相符……彩色条带表示虹。而虹又是萨满到上界去的‘道路’。跳神时，据说萨满就沿这条路登天[①]。”

也有学者研究认为，神裙飘带象征鸟羽，因为相传萨满原来是会飞的。飘带上绣有各种花纹：各种禽兽、树木、日月、野花、叶子、野鸡尾图案等，也可以剪贴上各种花样。

围裹式神裙与现代女性的裙子没有太大差别，当然也还可细分成套装裹裙、斜裙和连衣裙等多样。

斜裙式神裙大概出于穿脱方便的考虑，一般是由一大整幅围裹而成。赫哲近亲乌尔奇人的萨满神裙多是这种样式，斯莫良克在《下阿穆尔和萨哈林的民族照片集》上发表了乌尔奇人的萨满连衣裙式和围裹斜裙照片各两幅。据记载：赫哲另一近亲“乌德赫人萨满还穿用短裙或具有不同名称的围裙……短裙通常套在普通长袍的外面，是萨满服必不可少的组成部分。据萨满讲，穿上短裙之后，他在跳神时就能畅通无阻地穿过海洋和河流，而且他的衣服仍然是‘干的’。短裙和围裙都用经过鞣制的驼鹿皮、

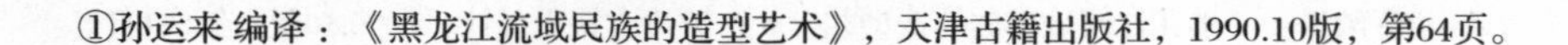

①孙运来 编译：《黑龙江流域民族的造型艺术》，天津古籍出版社，1990.10版，第64页。

海豹皮或买来的中国或俄国产布料缝成。它们在两侧都有不大的开襟……在正面高及腰部，有时拴着几件护身符。在短裙和围裙上画着所有那些有生命的东西——人、兽、鸟、昆虫，据说萨满的神就装扮成这些活物的样子显现在他面前。图案用颜料画成，或者用兽皮剪成拼缝在服装上[1]。”

三、皮制萨满前胸褂

萨满前胸褂在编译资料中又被称作“萨满胸巾”。

鄂温克纽拉萨满服中一件重要的部件是鹿皮制的前胸褂——挂饰最多，也即寓意最丰富。形状为顶尖朝下、两侧边加长的五边形，除最上的横边之外，其余四边剪出细皮穗；正中下三分之一处有一面铜镜，两侧对称排布大鸟形、柳叶形和鸭形铁饰物二十多个。

这种皮制萨满前胸褂在黑龙江北岸地区似曾更加普遍。文献记载：“在涅尔琴斯克埃

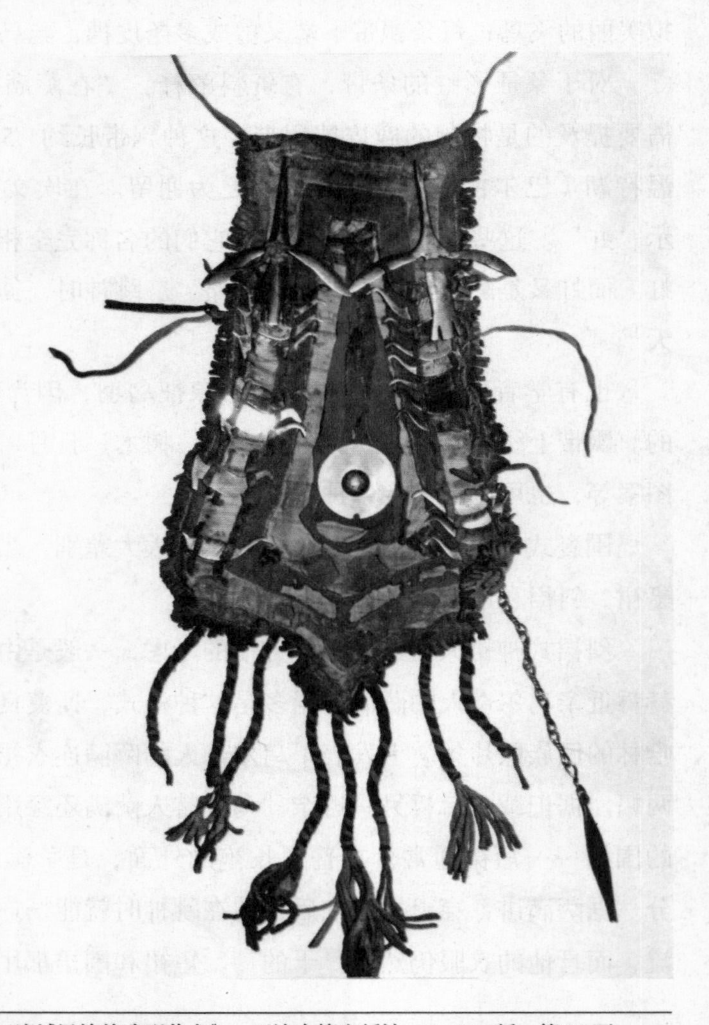

纽拉萨满的胸前褂

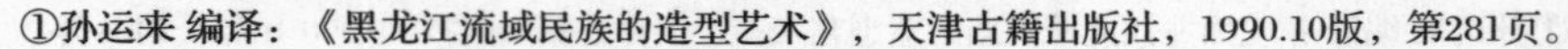

①孙运来 编译：《黑龙江流域民族的造型艺术》，天津古籍出版社，1990.10版，第281页。

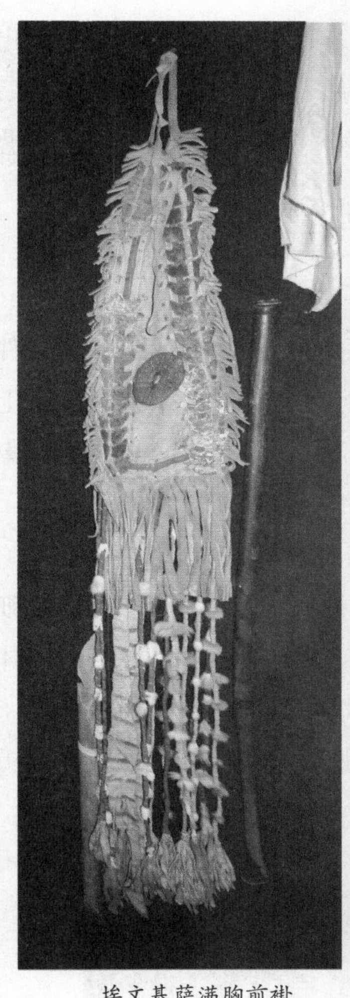

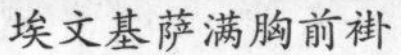

埃文基萨满胸前褂

那乃萨满胸前褂

文克人和巴尔古津埃文克人那里，萨满胸巾用鹿皮革缝制而成，饰有彩色条带（颜料）和用白鹿毛绣成的图形。这些细部整个表示宇宙……图案的中间部分相应地表示地球或中界。胸巾上装饰着穗头和若干个（约八个）铁制的鸟图形。”“伊尔金涅那瓦河（安加拉河的支流）埃文克人用鹿皮革制的萨满胸巾……上下排列着两个像狼的铁制动物图案和一个潜鸟图案（铁制的）。第二个潜鸟图形缝于胸巾下半部的顶边部分。”①

俄罗斯哈巴罗夫斯克地志博物馆有两件皮制萨满前胸褂展出。其中埃

①孙运来 编译：《黑龙江流域民族的造型艺术》，天津古籍出版社，1990.10版，第52~55页。

文基的一件与纽拉的几乎没有差别。那乃的一件上端为弧形，顺势带出两条向脖颈的系带；下端为直边；中部两侧各缀一条长皮条，作为向背后扎紧的系带；配饰是大小和形状都不相同的21个镂花的青铜板，很多重叠，以便跳神时相互撞击机会更多，声音更响亮。

四、皮制神腰带（腰铃）

神腰带大都既是金属铃铛赖以悬挂的载体，又是往腰间扎系的部件。因为绝大多数是由兽皮制成，所以有的就称为“皮腰带”。又因裙腰上挂的铃铛多达十几个以上，又被总称为“腰铃”。还因为其上的铃铛密集到类似于前述的飘带，也有称其为“铃裙”的。

黑龙江省民族博物馆收藏有鄂伦春族和满族萨满皮制神腰带（腰铃）。前者腰带由硬皮革制成，宽30.5cm，挂有铁腰铃36个。后者在细窄的硬皮革带之后又加一层质地较软的短皮裙，可能用以防止铁铃对身体的直接碰撞。

使用神腰带更多的似乎是赫哲（包括那乃）族。《赫哲族社会历史

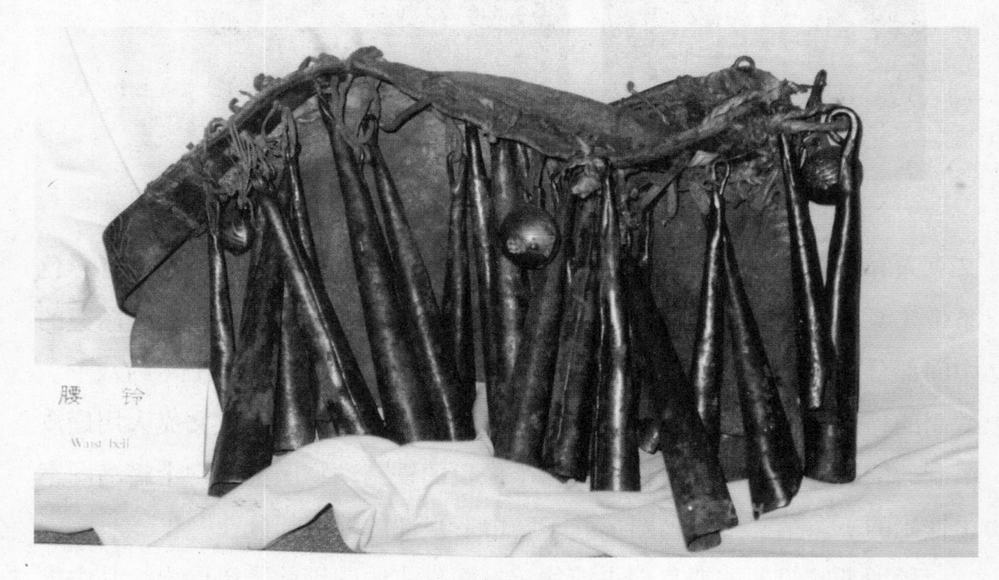

满族腰铃

鄂伦春萨满皮带腰铃

调查》记载："腰铃——腰带使用兽皮制的，铁腰铃似喇叭筒，每一个铁环拴三四个铃铛，形成一撮撮的，甩动起来相互撞击发出声来。腰铃也无固定数，可多可少[①]。"凌纯声先生的描述赫哲腰铃："长约18厘米的圆锥铁管46个，分2个或3个一组，穿在一小铁环上，用皮带扣在一长42厘米的黄牛皮上，牛皮阔32厘米，叠转10厘米，成两层，铃即扣在二层皮上，皮的中间穿一皮带，以便结在腰间。萨满跳神时，腰铃也随之摇摆，喇喇作声，与鼓声相应[②]。"俄国人类学家洛帕金描述：果尔特人（赫哲-那乃）"腰带是用来系挂铁腰铃的宽带子。带子用犴达犴皮制成。腰铃是圆锥形，每一个腰铃都挂在铁环上，再系到腰带上。腰铃的数目可从13个至31个。除铁腰铃外，腰带上还可系挂铜镜、铜铃铛[③]。"斯莫良克描述："腰带用宽12~18厘米的皮带制成。它从后面和两侧围住腰部，端部缝有小带子，以便在前面系在腰上。在腰带上缝有几排小短带，以便悬挂20~30各长约15厘米的圆锥形铁腰铃以及小铜镜、小铃铛等[④]。"

俄罗斯哈巴罗夫斯克地志博物馆、特罗伊茨科耶地方志博物馆和比金博物馆都有这种那乃萨满用过的皮腰带展出。其中一件腰带为软皮革，并把边缘缝合；除了9个铁环上挂了14个锥形铁铃之外，还用皮条缝缀了

①《民族问题五种丛书》，黑龙江省编辑组：《赫哲族社会历史调查》，黑龙江朝鲜民族出版社，1987.3版，第172页。
②凌纯声：《松花江下游的赫哲族》，国立中央研究院历史语言研究所，1934版，第108页。
③[俄] И·А·洛帕金：《阿穆尔、乌苏里、松花江的果尔特人》，第261页。
④[俄] А·В·斯莫良克：《萨满：萨满其人、功能、宇宙观》，第221页。

那乃萨满皮带腰铃

那乃萨满神腰带

那乃萨满皮带腰铃

13只比核桃略小的圆铜铃；从排列的欠规律和数量的失常可推测铜铁铃都有缺失。另一件腰带是由毛朝里的软毛皮制成，铁铃与其说是铃，还不如说是经过撅折的铁片，且有铃而无铛，为了弥补这一不足，又加上3条短铁链。还有一件腰带也是软皮革制作，但它的发声物除了5只比上一件制作得更简陋的锥形铁铃之外，还有七八个形状各异的不知原本是什么用途的小铁器。相比之下，比金的最为完整而华美，锥形铃除铁制的以外又多了4只铜制的，并且8个规矩的小铁块和3面小铜镜（虽然其中1面已残缺了一半）都是别的腰铃上所没有的。

在赫哲族地区调查时，民族老人介绍说，萨满的腰铃上还栓着一根长3.5~4.5m的鹿皮带子。在尤永贵画的跳鹿神图中，就绘上了这条长带子。洛帕金也记载："萨满穿神裙时，要系上一根用狍皮制的长约3沙绳（1沙绳等于2.132米）的带子[①]"，这是因为，腰铃在萨满仪式尤其是送魂活动中发挥着极其重要的作用。"如果是送亡灵去阴间时，人们就要牵住萨满挂有腰铃的神腰带，以免萨满飞走。据说，假如不抓住这根带子，萨满可能从阴间回不来，会死去的[②]。"

黑龙江省民族博物馆收藏的一套近代满族萨满神具中，神裙长102cm，宽24cm；腰铃是28个锥形铁铃，还有3个铜片，用牛皮带将铃与牛皮裙连在一起。这套神具是宁安地区满族的萨满神具，由宁安公安局转给博物馆的。萨满的腰铃除出土的之外，类似近代的传世品能够保存下来实属不易，这已经是满族萨满留下的珍贵文物。

在满族家祭中，大多穿着满族对襟汗衫，下身衣裙，裙色不一，用蓝、黄、粉等艳丽的绸缎或布缝制。裙加绣边，系带也有绣着漂亮纹饰的飘带。但满族萨满服饰的神裙还是比较讲究的，腰铃是其重要的组成部分。在祭祀中，甩腰铃也是衡量一个萨满本领的重要一环。祭祀中，响器等法器格外丰富和凸显。神鼓、腰铃、擦拉器等响器都不可或缺。如宁安付氏家族的祭祖活动一直在用，有的祭器，据傅英仁老先生介绍已经代代相传，至今有二百多年了。

五、皮制神帽

神帽既是萨满派别的标志，又是萨满品级的标志。民族与地域的不同，又有很大差异。但共同点是神帽由帽体、帽带和帽角三部分构成。帽体是戴在头上的部分，制作材质品种繁多、五花八门；帽带是镶在帽沿上的一簇飘带，宽窄长短各异，材质主要是棉布绸缎和兽皮，甚至还有"刨木花"；帽角安装在帽体上面，是鹿角形状的，也正因此，神帽在赫哲等族又被称为"鹿角神帽"。每枝鹿角的叉数是大多数民族用以区别萨满等级的重要标志，但在各族间叉数与等级的对应关系不尽相同，如赫哲以

①[俄] И·А·洛帕金：《阿穆尔、乌苏里、松花江的果尔特人》，第261页。
②[俄] A·B·斯莫良克：《萨满：萨满其人、功能、宇宙观》，第227页。

3、5、7、9、12、15叉将萨满分成从低到高六个品级。而前面述及的纽拉萨满由于在某次法会上斗法失败而由九叉级降为六叉级来看，鄂温克族萨满具有赫哲萨满所没有的六叉这一等级。同时从中还可看到，鄂温克族女萨满的神帽是带鹿角的，而赫哲族的女萨满的神帽是不带鹿角的。目前所知所见帽角都是用铁皮剪成，铁器传入之前用何种材质尚待考证。

萨满神帽除了作为派别、等级标志之外，还有极其重要的作用，有研究文献论及："神服与神帽，是相映生辉的神圣整体，共同塑造了萨满神圣的威严和不可征服的气势。在萨满的神事活动中，在许许多多萨满专备的祭神驱邪神物中，神服与神帽是核心的祭祀象征。它往往本身就代表特定的神祇……一旦有'战事'，神服则是'铁的美丽的甲胄'，而神帽上之精灵助萨满迅生智谋，又时刻防范'敌物突击时可保护萨满之头'。在萨满教天穹观念中，神帽还具有与神服不同的功能……萨满神帽相当一株顶天立地的神树，枝干与天通。而且，还自信神帽上宿栖着为萨满迅捷接收信息波的许多小动物。如蜥蜴、雀、蛇以及聪明狡黠的动物狼、猞猁、豺等的小雕像和皮骨等，只要有神祇或其他异兆出现，都马上通过神帽传递于萨满神帽上的精灵和肩鸟，迅传萨满感应，使萨满永立不败之地。所以说，神帽是萨满与宇宙超世力量相交之桥。正因如此，萨满将神帽看作要比神服更利害攸关的神物[①]。"

萨满神帽的帽体由兽皮制作，多见于黑龙江以北和下流段两岸各民族。文献记载："在国立托木斯克大学博物馆中，藏有一顶相当别致的萨满神帽。这顶神帽属于头盔形状，用兽皮缝制而成，有锥体形帽顶。连帽顶一起，头盔高38厘米。神帽的底边缝着一些长34厘米的皮飘带和辫带。这顶神帽染成黑、棕和灰赭三色。""乌德赫人……萨满帽艾伊通常用鹿皮革缝成，上端饰有鹰羽、一只或几只鸟（布谷鸟）图案或一对金属制的不大的马鹿角。鸟用金属雕刻而成，或者用鹿皮革块或彩色布料缝制而成。除鸟图形外，在萨满帽上还缝着一些鹿皮革制的蛇、龙、青蛙、蟾蜍或蜥蜴的立体图形。除了雕刻的图案，在有些萨满帽上还可以见到用颜料

①富育光：《萨满论》，辽宁人民出版社，2000版，第238~239页。

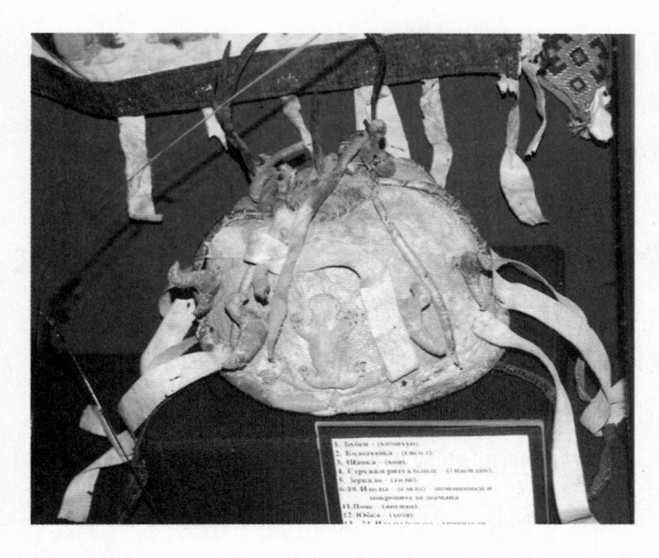

那乃萨满神帽

绘制的图画，它们都表示谢沃——各种拟兽形萨满辅助神——蝙蝠、青蛙、蟾蜍、蜥蜴、蜻蜓，有时是虎[1]。”

俄国哈巴罗夫斯克和特罗伊茨科耶地方志博物馆分别展出了该地区那乃等族萨满用过的神帽，帽体均由皮革做成。其中一件帽顶镶一铁制两叉鹿角；帽准是一只皮制的略微凸起的青蛙；它的两侧对称摆放4只由皮革做成的立体的鸟，头全部高昂向着帽顶；帽上缀缀8条由皮革做成的盘成多种形态的立体的蛇；鸟和爬虫全用红、黄、蓝、黑色涂染成彩色，给神帽平添了更多神灵成分。另一件帽顶同样缝着一些皮制的大部分很难叫出名字的立体或浮雕

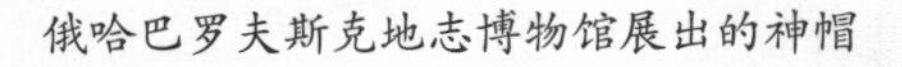

俄哈巴罗夫斯克地志博物馆展出的神帽

①孙运来 编译：《黑龙江流域民族的造型艺术》，天津古籍出版社，1990.10版，第56、295页。

般的图形。两者的显著区别是飘带，一为皮革的，一为毛皮的。

国内各族中，迄今尚未见到帽体由兽皮制作的萨满神帽实物遗存，所见所闻几乎全部是金属帽体。凌纯声先生描述的赫哲萨满神帽，明确指出初级的是一个铁圈，高级的并未明言，但也似把铁制鹿角直接镶在铁圈上。据说，鄂伦春族萨满神帽的骨架是铁制的，帽口系一铁圈，上面是十字形半圆顶，十字上安两只不同叉数的铁鹿角，神帽上还有3个或6个飘带。飘带喻作天桥，鹿角寓意是神的落脚地。不同地区又有较明显的不同，大兴安岭地区的神帽顶部只有帽架（依克），飘带也较少、较短，其后竖立有两个金属鹿角。小兴安岭地区的神帽则不同，是由向外稍倾斜的9个三角架组成帽顶，飘带较多、较长，没有鹿角。帽沿也有所不同，小兴安岭地区萨满帽沿较宽，其边缘还绣有许多精美的图案，并镶嵌有贝壳、纽扣等饰物。而大兴安岭地区的萨满帽沿则较窄，图案也较简单。

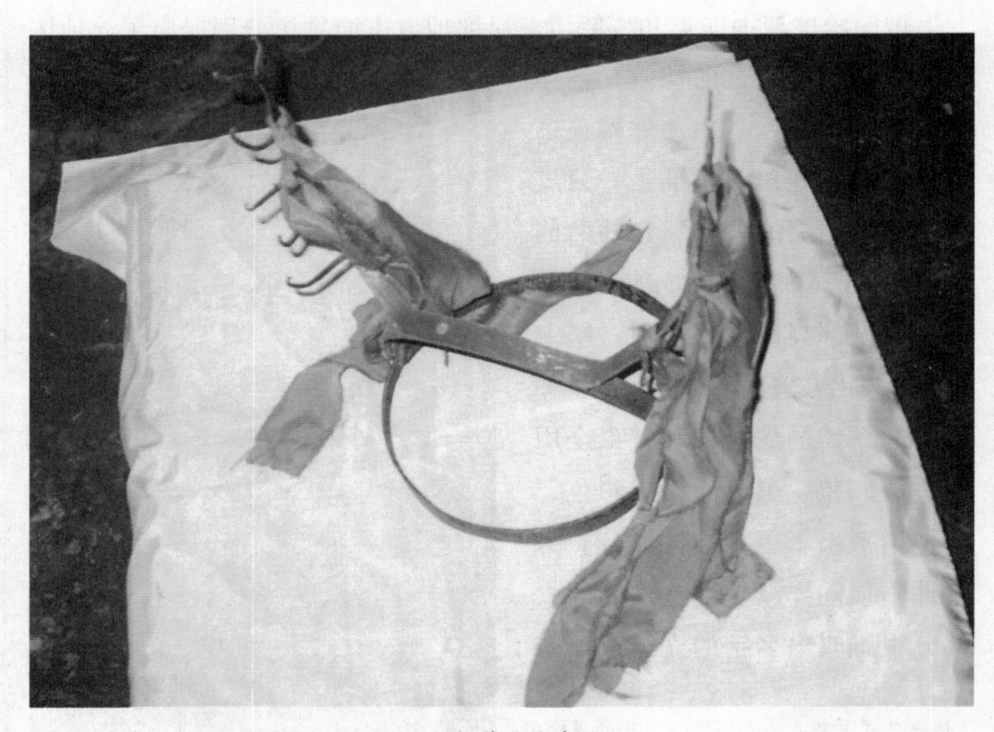

纽拉萨满的神帽

驯鹿鄂温克萨满初学时戴的神帽上有两只鹿角，其后侧挂有18根布条，代表神的儿女，9女9男。达斡尔族萨满神帽帽架多用铁或铜条，内套红布或红绒帽头，圆架上镶有仿鹿角的铜鹿角，叉数根据萨满等级而定。帽顶中央有一只铜质神鸟布谷鸟。鹿角上有很多各种颜色的彩色飘带。人们请萨满主持仪式后，都要系上一条彩色飘带，所以，萨满帽上飘带的多寡也是萨满资格的展示。神帽上还有许多小圆镜、丝线绣的花卉纹饰等等。

满族神帽

鄂温克族纽拉的萨满神帽和黑龙江省民族博物馆收藏的满族萨满神帽实物可以与上述记载相互印证。纽拉神帽帽架是一圆铁圈，上跨一拱形铁梁，梁上装有一对铁制6叉鹿角，鹿角上拴挂红绸飘带。

满族神帽帽架是铜质，即由铜片弯成帽形，口径20.5cm，总高42cm，神帽顶镶着一只飞鸟。与其他民族神帽及披肩上的神鸟相比，鸟体与神帽的比例较大，位置突出而醒目。它是满族古老的乌鸦崇拜的象征物。满族对乌鸦的崇拜是一种古老的信仰，且崇拜地位非常突出。在许多满族神话传说中都有乌鸦救火、救人的故事。在《乌布西奔妈妈》中传说乌鸦是天神阿布凯恩都力的亲随，在征战中误食黑草死去，变成号啼的黑鸟，在人马屯寨边飞旋，为人巡守。有的萨满神谕中说乌鸦的羽毛“像没有太阳时候的颜色”，乌鸦是黑色的报警鸟，有了它就宵夜平安。特别是乌鸦搭救

哈巴地志博物馆展出的萨满神帽

小罕王逃生的传说，乌鸦解救了极度危险中的皇太极等等，都赋予了乌鸦神的灵性。因此，满族人将乌鸦视为神物，它具有指引者、使者、保护者、拯救者的多重神性。特别是其先知先觉的占卜能力及沟通人神之间的能力，使它在萨满文化中有了极其突出的地位。满族萨满神帽上乌鸦凸显的位置就是上述观念使然。

还有一些简易的神帽，帽体与飘带合二而一。目前所见大体有两种：一种是由狐、貉等小动物的毛皮条做成，俄罗斯哈巴罗夫斯克地志博物馆有实物展出。

另一种简易的神帽，是用小刀把柳木刮成窄长的薄片即刨木花，扎成圆圈，脑后留下能盖住颈部的长穗即可。估计这是较为原始的神帽形制。俄国人A·B·斯莫良克记载："乌尔奇和那乃萨满是用刨木花编成的头冠（神帽）。这是一个用刨木花编成的环形头冠，头冠的四周有用刨木花编成的小辫子，头冠的后部有一条用刨木花编成的'尾巴'，垂在背上，长可及腰……当一个普通人成为新萨满而头一次戴上刨木花头冠时，人们会说：'瞧啊，这是一个新萨满，他戴上了刨木花头冠'[①]。"俄特罗伊茨科耶地方志博物馆展出有这种刨

①张嘉宾：《赫哲族萨满的服饰与神具》，载于《赫哲族研究》，哈尔滨出版社，2004.、5版，第267~268页。

木花神帽。

刨木花制作的神帽在当时曾产生很广泛的影响，不仅仅是赫哲人独有。笔者在日本北海道的一些博物馆里就看到阿伊努人的“神冠”，使用刨木花制作，前面正中佩一神偶。

六、皮制神鼓和鼓槌

神鼓，鄂伦春语称“文图文”，赫哲语称“温替恩”，基本一致。

神鼓由鼓圈和鼓面两部分构成，全部为单面鼓，即鼓圈的一侧为皮鼓面，另一面是鼓绳和抓环。神鼓的形状是扁平的，有圆形（或近圆形）、椭圆形、卵圆形等多种，个别还有上圆下尖的“雨点”形的。鼓面的尺寸大小不一，凌纯声先生记录的赫哲族萨满神鼓大鼓圈的木条长是234cm，小鼓的162cm，换算成直径大约是50~75cm，若呈椭圆形，长径可达80cm。赵复兴先生描述的鄂伦春萨满神鼓是直径约50公分。

制作神鼓鼓面的材质以狍皮为最多，也有用犴皮的。鱼皮尤其是鳇鱼皮蒙面的神鼓是极其罕见和珍稀的，是赫哲族的一大特色，也是其他民族中没有的。

鼓圈的用料就地取材，常见的柳、杉、桦、黄柏梨、松、槐、柏、楸子木等均可。

鼓绳是连接抓环与鼓圈的纽带，鼓绳的材料一般是皮条，亦有用麻绳或线绳的。鼓绳的数量并无定数，最少的有4根，多者有12根。抓手一般是4~5cm的铜圈或铁圈。

神鼓较常用的制作方法是，取长约165cm、直径4cm左右的木杆刮成钝三棱形，用水煮软后弯成上大下小的鸭蛋形圆圈，用鳇鱼鳔把接头粘好晒干，顺着圆圈外缘挖一小槽，再在木圈的上下左右钻四对小孔，穿以皮条，皮条辐辏于中心，拴在一直径约4cm的金属圆环上。鼓面的材质常用狍皮革，也有用鱼皮的；做法是将夏季狍皮放到水里浸泡一昼夜，取出去毛成革，趁湿用鳇鱼鳔粘蒙在鼓圈上，并在鼓圈上的小槽子里嵌进沙石，

然后晾干。神鼓每次用前都要在灶门或火盆上烘烤，以使鼓面绷紧，声音响亮。

早期萨满常在鼓面上绘制各种具有象征意义的图案，如日、月、星辰、彩虹、山和树、熊、鹿等兽和马、牛等家畜，还有蛇、蜥蜴、蛙、龟等动物等爬虫类图像。

神鼓是萨满获得灵感和力量并得以与神灵沟通的媒介。萨满通过鼓语实现人与神的对话，这种被常人视为虚拟的语境，不仅成为罩在萨满头上的神秘光环，而且为萨满信仰者创造了一个独特、神秘的话语系统，成为他们举行复杂萨满跳神仪式所必需并且能够使受众通晓的思维表达方式。

鼓声的象征意义最古老的解释之一是“恐吓恶魔的雷声”。俄罗斯人类学家洛帕金曾记述：“神鼓和所有金属制的叮咚作响的小玩意都用于发出那种恐吓恶魔的叮咚乱响的声音。因此，当萨满发现他所要找的恶魔时，他便更加猛烈地敲击神鼓和疯狂地摇晃所有小铁片和腰铃……后来，由于整个萨满仪式和萨满法具的含义逐渐复杂，萨满神鼓才被理解成船和马[①]。”

盖缘于此，神鼓曾是黑龙江流域各民族使用最普遍的神具，不但萨满跳神时要用，而且普通人家祭祖时也要用。因此早年几乎家家藏有神鼓。

有关神鼓的击打方法，赵复兴先生介绍：“萨满跳神时，左手握鼓背面的铜圈，右手执鼓槌，敲打鼓面，不但鼓声宏亮，且震得背面的小铃或铁环咔咔作响[②]。”凌纯声先生在《松花江下游的赫哲族》中记述：“萨满……舞时手持鼓槌击鼓，击法与普通击鼓不同，其鼓槌非直下，是斜击鼓面[③]。”估计一方面是舞蹈姿势使然，另一方面可能是为了使鼓声更接近于如雷声等某种声响的需要。И·А·洛帕金的描述证实了后一点：“萨满用不同的力度敲打神鼓的不同部位：时而击打神鼓中央，时而击打鼓缘里侧，有时甚至直接击打鼓缘，从而使神鼓发出各种极不相同的声音……萨满一会儿用平面敲，一会儿用锐边敲，每次敲打之后，时而迅速将鼓槌沉下，时而相反，用鼓槌来压低鼓声，从而便会产生各种极不相同

---

①孙运来 编译：《黑龙江流域民族的造型艺术》，天津古籍出版社，1990.10版，第246页。
②赵复兴：《鄂伦春族游猎文化》，内蒙古人民出版社，1991.5版，第240页。
③凌纯声：《松花江下游的赫哲族》，国立中央研究院历史语言研究所，1934版，第143页。

鄂温克萨满神鼓

满族神鼓

那乃萨满神鼓

纽拉萨满的神鼓

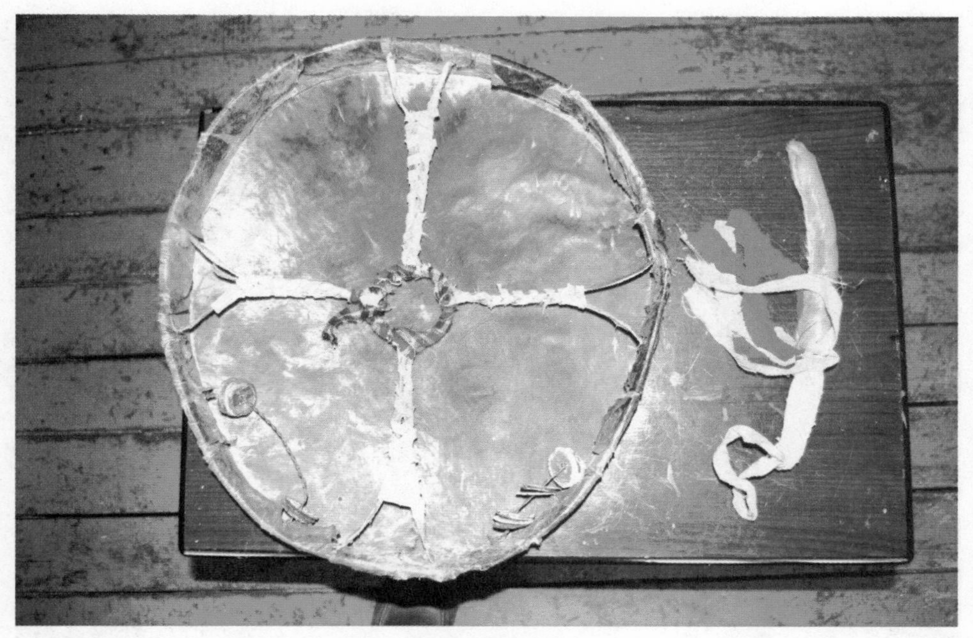

关扣妮的神鼓背面

的声音：时而轻柔和谐，时而沉厚高亢[①]。”

黑龙江省民族博物馆和各市县乡博物馆及少数人家、内蒙东部地区各博物馆、俄罗斯哈巴罗夫斯克和特罗伊茨克地方志博物馆都有鄂伦春、鄂温克、赫哲、达斡尔、满、那乃、埃文基和乌德盖等民族萨满神鼓收藏和展出。从这些展出的神鼓可以看出：鼓面很圆的不多，卵圆的占了多一半；鼓面几乎全部为素面，只有纽拉神鼓有彩绘纹饰，但也并未见到动物图形，仅是两道与鼓圈同心的红色圆环；能够看到抓环的仅有一只，其余有的被加厚的节扣代替；一只那乃神鼓在鼓圈的一侧有一条双股的皮条带，下面还栓有一个鱼形铁坠，是否这小鱼就是抓手不得而知；海参崴博物馆展出的神鼓，在鼓圈侧旁是安装了木制手柄的，显然无需再备抓环；另一只那乃神鼓可以看到有较硬的东西支出鼓圈之外，猜想它的抓手可能是两条相互垂直的木杆。

鼓槌的制作材质有骨、狍筋和木棒等，一般用柳木或稠李子木居多。

①И・А・洛帕金：《果尔特人的萨满教》，孙运来译，载于《北方民族》，1989年第1期。

乌德盖萨满神鼓

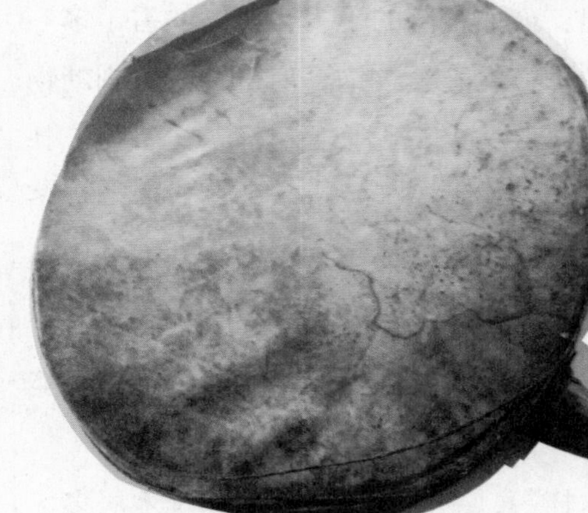

海参崴萨满神鼓

普遍的是外面全部或一面包裹兽皮，可能是为了既能使敲出的鼓声柔和动听，又能防止将鼓击坏。未被皮包的一面经常被雕刻或彩绘上爬虫类动物图案。有些槌柄也包以兽皮。

凌纯声先生配图介绍了赫哲的鼓槌：“制作很精细，可见他们亦很重视。鼓槌用旱柳木、桦木等做槌心，槌面包水獭或狍皮，槌背有的刻布克春神一、蛇二、四足蛇二、龟一，自上而下，依次不紊。闻槌背亦有刻黑熊的……槌柄亦包皮……槌之大小长短不一……一根最长，约40cm[①]。”赵复兴先生介绍的鄂伦春“鼓槌是用狍筋制作，外面裹以狍腿皮，缝好，一头粗，一头细。细头有皮环，勾在手上[②]”。

凡有萨满神鼓收藏和展出的各博物馆，绝大多数都有鼓槌一并或单独展出。那乃人用过的鼓槌，有的着鼓部分全由狍皮包裹。有的一面从槌头端开始依次序雕刻一只青蛙、两只缠扭在一起的蛇、一只四脚蛇，雕工精湛，形象栩栩如生；另一面粘有毛皮；柄端有纂并刻有花纹。最足称道的是鄂温克纽拉萨满的鼓槌，整体造型流畅优美：槌头呈一漫角的宝剑头形，长方槌体之下顺势一段椭圆手柄，接着是燕尾形槌

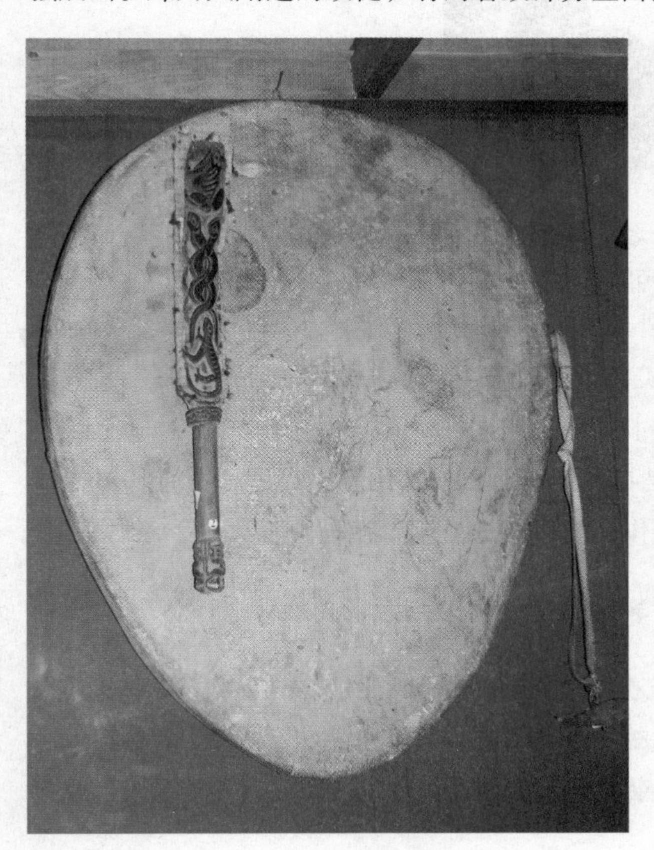

特洛伊茨克耶博物馆展出的萨满神鼓

①凌纯声：《松花江下游的赫哲族》，国立中央研究院历史语言研究所，1934版，第109页。
②赵复兴：《鄂伦春族游猎文化》，内蒙古人民出版社，1991.5版，第240页。

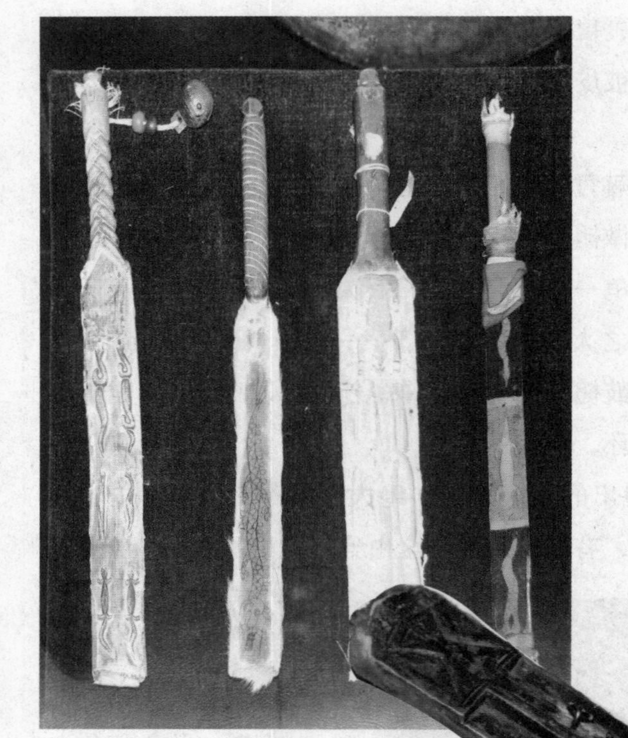

那乃萨满神鼓槌

纽拉萨满神鼓槌

纂；笏板状的漫弧形就给人一种灵动的感觉。着鼓面贴着毛朝外的狍皮。另一面用浮雕技法镌刻着精美的几何图案，其上的小铁环是其他鼓槌上少见的。

神鼓及鼓槌一般都是自己制作。据说鄂伦春人还有一个奇特习俗："萨满的神衣是由妇女制作，鼓和鼓槌由男人制作[①]。"

七、皮制神偶、神像和神画及治病服装

黑龙江流域各民族普遍流行多神崇拜和祖先崇拜，所以萨满和普通人都供奉有诸多神偶，神偶的质地有木质、金属和兽皮等多种。有些给木质神偶再穿上简易的兽皮服装。皮神偶则是由皮革或毛皮直接剪成人形或兽

---

①赵复兴：《鄂伦春族游猎文化》，内蒙古人民出版社，1991.5版，第240页。

鄂伦春婴儿保护神

形神偶。后来逐渐发展为布质、毡子等。

文献记载："混同江海口一带济勒弥人，亲死，削木为像，略具口眼，衣以熊皮，食必以少许祭纳像口。妻丧夫亦然①。"可见在黑龙江入海口一带居住的鄂伦春人早年习尚祖先崇拜，而祖先神偶大都木制再穿上熊皮。

黑龙江省民族博物馆收藏的达斡尔族祖先神偶系由狍皮经裁剪再毛朝里缝制而成，男女各一个用线栓在一根木棍上，男皮偶高6.5cm，宽

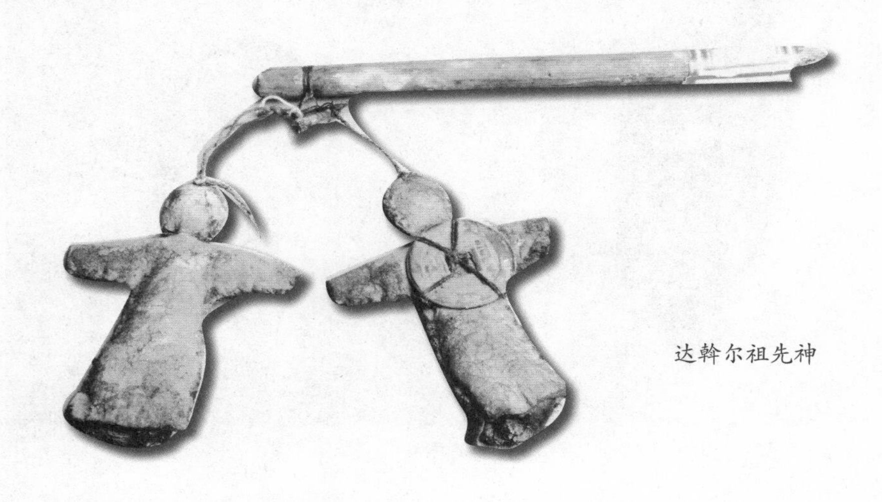

达斡尔祖先神

①魏声和等：《吉林地志、鸡林旧闻录、吉林乡土志》，吉林文史出版社，1986版，第44页。

鄂温克吉亚其神

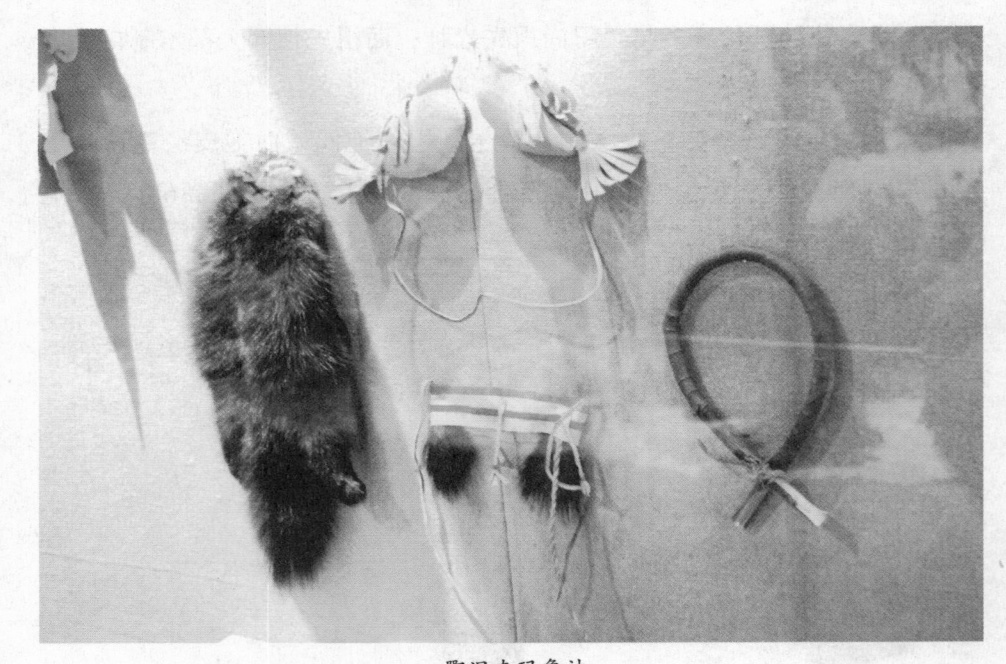

鄂温克玛鲁神

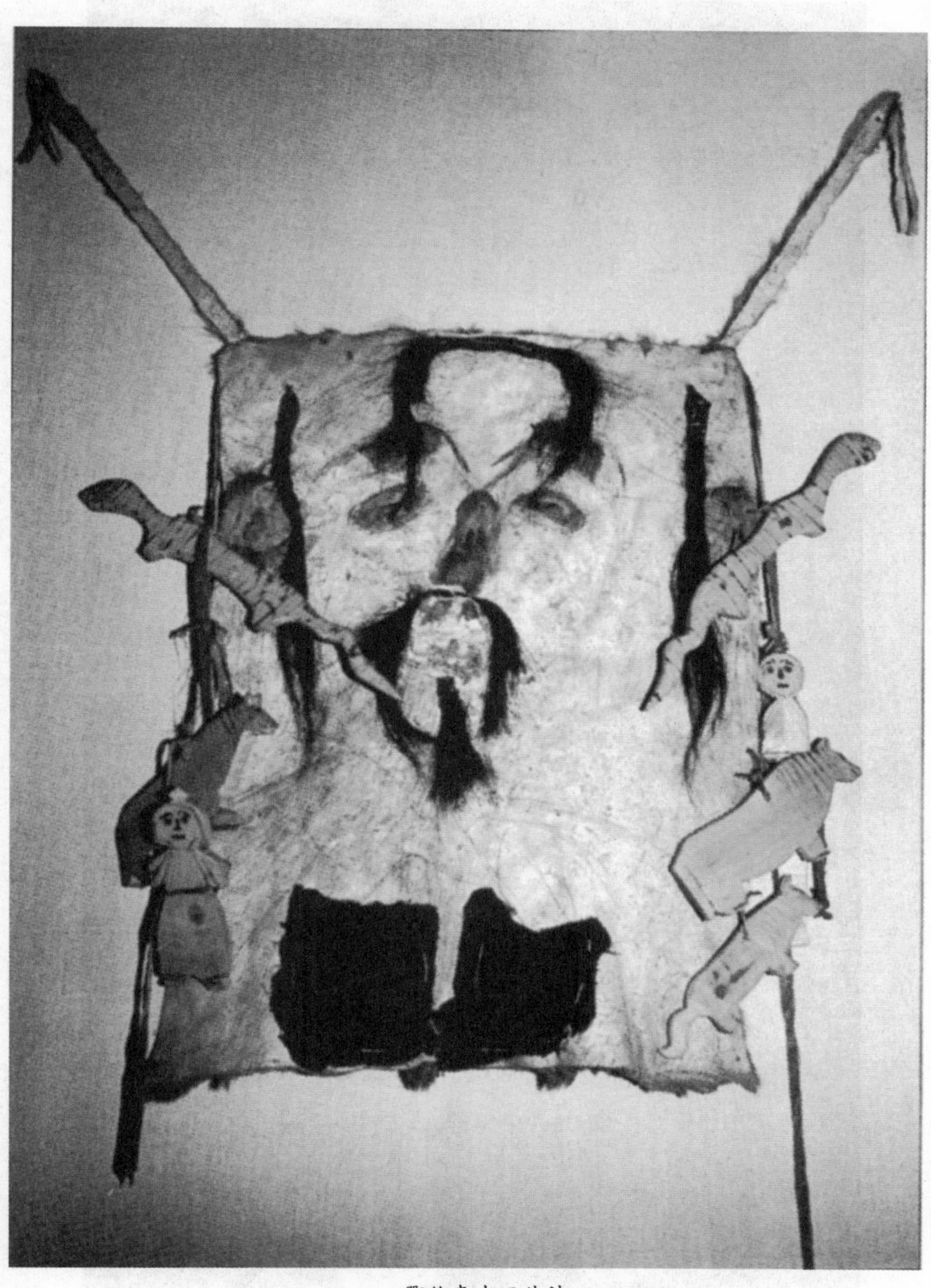

鄂伦春吉亚其神

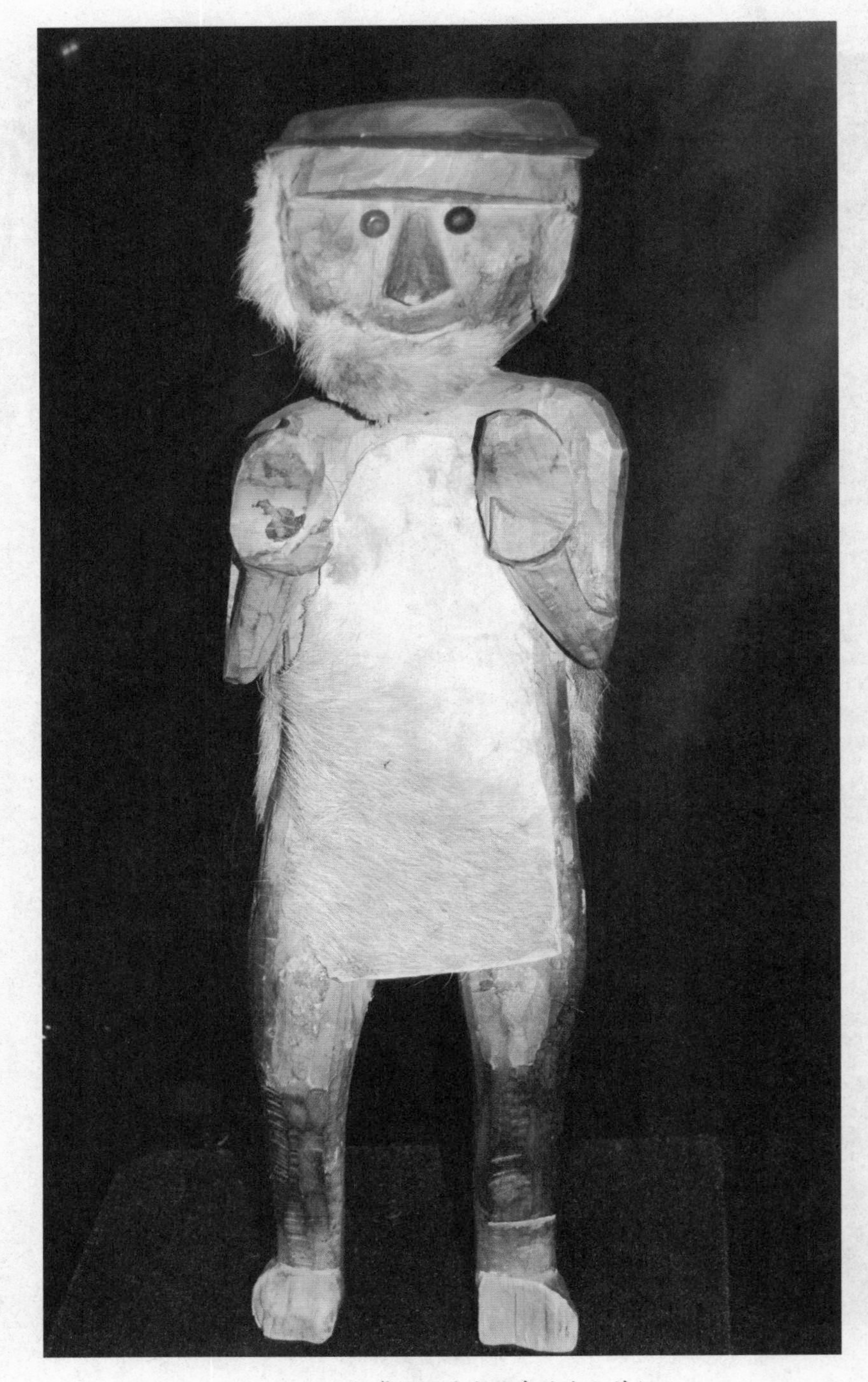

哈巴地志博物馆展出的穿狍皮之神偶

4.8cm，女高6.4cm，宽5cm；男偶胸前绑一枚铜钱。是于黑河市坤河乡富拉尔基村征集而来，据讲是达斡尔族老祖宗的偶像，平时放在太平处，只在求平安、免灾时取出供奉。鄂温克的玛鲁神的主神为“舍卧刻”神，虽然各部落制法不尽相同，但共同特点都是在木质神偶身上穿上狍皮、鹿皮或犴皮做的神衣。舍卧刻神喜欢的副神之一是灰鼠——载体就是灰鼠皮。据说，“灰鼠神的功能是当猎人打不到灰鼠时，就请萨满把舍卧刻神的两张灰鼠皮或木刻的灰鼠造型在火上挥动几次，并求舍卧刻神赐予灰鼠，经过这样的祈祷仪式就能打到灰鼠[①]。”

皮制神偶除了祖先神之外，还有其他神祇。如呼伦贝尔鄂温克民族博物馆展出有农区鄂温克的吉雅其神：熊皮制作，黑熊形状，高55cm，宽42cm。这是牲畜之神，据说，他可以赐人以牲畜，保佑人畜兴旺，每年正月十五和六月间，都要用稷米或大米粥祭祀他。鄂伦春族则有挂在摇篮边的小孩保护神。

神像和神画一般为萨满亲自制作和供奉，也有萨满为请他治病或消灾的人绘制。以在兽皮上绘出或粘贴、系挂出各种图形，在狍皮上绣出人形的较普遍。后来受到外来文化的影响，多用布或纸绘制。鄂伦春族掌管人畜疾病和狩猎丰收的吉雅其神像是典型代表。

赫哲人出于对毛皮丰收的期盼，供奉一种专司猎获毛皮兽事物的神——司皮神偶，木质雕刻的一男一女人形偶，代表身体的圆柱正前方雕有一大而明显的“井”字刻痕，很像是表示围裹的毛皮。俄罗斯哈巴罗夫斯克地志博物馆展出有一件穿着狍皮的神偶，是否就是那乃人的司皮神偶，还是埃文基人的舍卧刻神，当时没能深入探讨。

兽皮制的“治病服装”在黑龙江下游那乃人那里较多。苏联的学者们认为：“上面贴着或用颜料画着爬行纲图案的那乃人的皮（驼鹿皮和鱼皮）制服装是最古老的‘治病’服装[②]。”俄罗斯哈巴罗夫斯克地方志博物馆就收藏有一件那乃人1895-1896年间用鱼皮制作治病用的帽子。该馆收藏的治病服装还有“一条剪成尾部连在一起的两条蛇（穆依卡）形

①波·少布：《黑龙江鄂温克族》，哈尔滨出版社，2008.6版，第541页。
②孙运来 编译：《黑龙江流域民族的造型艺术》，天津古籍出版社，1990.10版，第231页。

状的皮腰带……曾在那乃人那里见过一条皮腰带……结核病人使用的”。“‘治病用的’胸巾用鹿皮革、鱼皮和布料缝成……第二条胸巾用一块鹿皮剪裁而成。它的周边镶着一条棕红色条带。除了用黑色颜料绘制的中央一排图案外，其余所有动物的剪影图案都是用棕红色颜料画成的①。”

兽皮制作的萨满服饰器具是兽皮文化和萨满文化共同的载体，是地域民族文化最重要的遗存之一。所有的萨满文化的起源、历史沿革、崇拜信仰、祭祀仪式，不同时期的思想意识、审美情趣，特别是绘画雕刻等艺术都寓于萨满服饰之中，堪称包罗万象的兽皮文化和萨满文化的物化信息数据库。

原始的萨满教消亡了，萨满逐渐离世了，但萨满服饰还在。它是原始的萨满教留在人间的见证。在文化的殿堂博物馆里，它世代相传，用它特有的语言述说着人类的童年。

然而，留下来的真正的萨满服饰原件并不多见。历史的原因、时代的原因、萨满教本身的原因等等，使得留存下来的萨满服饰实属凤毛麟角，它是人类文化宝库中的珍贵遗产。

①孙运来 编译：《黑龙江流域民族的造型艺术》，天津古籍出版社，1990.10版，第231~233页。

第五章　胜过鱼皮之柔桦皮之美

前面我们说黑龙江流域兽皮文化历史悠久、兽皮技艺传承完好的一些民族是“最后脱下‘人类童装’的民族”，其实包含两个层面的含义：一是在人类漫长的文明史中，在尚未进入成熟阶段的蒙昧期——童年，几乎不分种族全部身穿兽皮，概莫能外。我们因此略带调侃地把兽皮服装称为“人类童装”。后来世界各地绝大多数民族先后改穿了纺织品服装，唯独黑龙江流域人口不多的几个民族“顽强”地坚持到20世纪中叶。二是恰恰是这些少数人把兽皮衣服从简单的披围和粗糙的缝连——仅可蔽体，渐次发展到了华美的极致，有如现代童装在服装界的地位——最丰富多彩，最惹人关注。

在黑龙江流域“三皮文化”中，鱼皮以柔见长，桦皮以美著称，然而我们还是觉得兽皮胜过鱼皮之柔桦皮之美。单一句“鱼皮柔共兽皮夸”，就透露出在潜意识里还是兽皮最柔软，而鱼皮稍可企及。那么，是什么使兽皮制品如此柔美？答案是：在长期的使用兽皮实践过程中，黑龙江流域各族人民积累了丰富的经验，聚集了聪明才智，创造、传承、改进以致形成一整套复杂的兽皮加工制作工艺。

广义的兽皮制作技艺包括：捕猎毛皮兽、兽皮剥取、鞣制、拣选、裁剪缝合、装饰。

一、捕猎毛皮兽

之所以把毛皮兽的捕猎获取归入兽皮制作技艺之首，原因之一是“捕猎”是加工制作的载体，也就是先决条件。没有“猎获”，其后的一切都

无从谈起。二是“捕猎”本身就是一项高技术活动，猎获的多少和猎到的兽皮的价值与用途，除了猎人的勇敢和适应的工具，智慧与经验凝聚成的技艺是更具决定性的因素。

对于勇敢，清人吴桭臣曾记：“黑斤……非牙哈……呼儿喀……此三处……又勇不畏死，一人便能杀虎[①]。”清代因《南山集》文字狱流戍齐齐哈尔及省亲的方登峄、方式济、方观乘祖孙三人分别以诗文对鄂伦春妇女打猎的勇敢娴熟进行记述和赞美：“背负儿，手挽弓，骑马上山打飞虫（原作注：飞鸟）。飞虫落手揕（原书注：zhēn，击刺）其胸，掬血饮儿儿口红[②]。”“鄂伦春妇女，皆勇决善射。客至，腰数矢上马，获雉兔，作炙以饷。载儿于筐，裂布悬项上。射则转筐于背，旋回便捷，儿亦不惊[③]。”“夫役官围儿苦饥，连朝大雪雉初肥。风驰一矢山腰去，猎马长衫带血归。（原作注：鄂伦春妇女，皆勇决善射[④]。）”民国的边瑾也有诗作盛赞鄂伦春少女射猎的英姿：“山南山北绿重重，家住凌霄第一峰。十五女儿能试马，柳荫深处打飞龙[⑤]。”

对于智慧与经验，则描述更多，清代和民国史乘多人多次以“捕貂用藏弩，貂行绳动则射，鼠、鹿、狐、獭皆然，百不失一。善睬牲踪，见踪则迹之，必获”[⑥]及“善睇兽踪，迹之必获[⑦]”等词句形容。但是弓箭射猎的动物都有明显的伤痕，为了使猎获的名贵貂皮上不留伤痕，采用的捕法更显现出智慧，人们先后发明采用了闷穴、网捕、犬捕、碓捕等方法。闷穴是最原始的方法：猎人踏雪验明貂踪，追至貂穴，用树枝塞住穴口，然后点燃并向穴内扇烟，烟灌满洞，就用土雪封严穴口，等貂窒息而死，再行取出。碓捕是用铁条或木板制成夹子、排子、闸笼等工具，安上机关，拴上诱饵，放到貂经常出没的倒木上，当貂贪食诱饵时触动机关，即被捕获。网捕是闷穴法的发展，在穴口张网，再用烟熏，貂出逃时撞入网中。网捕是使用最普遍的。清人杨宾记述赫哲人捕貂：“貂鼠喜食松子，大抵穴松林中，或土窟，或树孔。捕者以网布穴口，而烟熏之，貂出避，则入网中[⑧]。”方登峄则用诗赋形式记述鄂伦春人捕貂：“打貂须打生，

①[清] 吴桭臣：《宁古塔纪略》，载于《龙江三纪》，黑龙江人民出版社，1985.10版，第240页。
②[清] 方登峄：《妇猎词》，载于《黑龙江历代诗词选》，黑龙江人民出版社，1990.06版，第140页。
③[清] 方式济：《龙沙纪略》，载于《龙江三纪》，黑龙江人民出版社，1985.10版，第211页。
④[清] 方观乘：《卜魁竹枝词二十四首》（载于《黑龙江历代诗词选》169页）黑龙江人民出版社1990.06版
⑤边瑾：《鄂伦春竹枝词》，载于《黑龙江历代诗词选》，黑龙江人民出版社，1990.6版，第313页。
⑥[清] 王锡祺辑：《小方壶斋舆地丛钞 第3册》，杭州古籍书店，1985.11版。
⑦魏声和等：《吉林地志、鸡林旧闻录、吉林乡土志》，吉林文史出版社，1986版，第42页。
⑧[清] 杨宾：《柳边纪略》，载于《龙江三纪》，黑龙江人民出版社1，985.10版，第81页。

用网不用箭。用箭伤皮毛，用网绳如线。犬逐貂，貂上树，打貂人立树边路。摇树莫惊貂，貂落可生捕[①]。”

对于犴、鹿、狍等皮肉兼用动物的猎取同样体现出勇敢和智慧。鄂伦春人认为，优秀猎手必须具备的三个条件是：第一，勇敢机智。对各种野兽习性认真观察、悉心掌握。根据野兽习惯动作，找出猎取方法。遇到猛兽能沉着应对。第二，射击熟练准确。不仅能打中，更要打中要害，致野兽不能反扑。第三，对猎场地形熟悉。对兽类经常栖息的地域、马匹和驯鹿食物多生地域以及方位都需了然于心。

他们根据各种猎物的习性，把一年分为不同目的的猎期。如狍子在农历5~6月间产崽，可利用狍哨吸引成年狍子和其他野兽加以猎取。下雪以后是狍、鹿皮厚毛丰的季节，称为打皮子期。

捕猎工具的使用也体现了猎人的聪明才智，介绍过的桦皮船、雪橇、滑雪板、鹿哨、犴哨、狍哨等自不待言。更值一提的是猎犬，《吉林通

打猎

① [清] 方登峄：《打貂行》，载于《黑龙江历代诗词选》，黑龙江人民出版社，1990.6版，第139页。

志》载："女真地多良犬（《通典》）。田犬极健，力能制虎最难得。又外藩犬可供驱策，故元史有犬站以代马，今费雅哈、赫哲各部落尚役犬，以供负载（《盛京通志》）[①]。"可见，赫哲等族的猎犬是多种职能兼于一身的。当然，最出色的表现还在捕貂时。清人杨宾记述赫哲人"又有纵犬守穴口，伺其出而啮之者[②]"，方式济、方观乘父子记述索伦人捕貂就更加细致而生动："捕貂以犬，非犬则不得貂……犬前驱，停嗅深草间，即貂穴也，伏伺噙之，或惊窜树末，则人、犬皆息，以待其下。犬惜其毛，不伤以齿，貂亦不复戕动。纳于囊，徐俟其死[③]。"诗云："犬侦貂穴在深蒿，伺穴噙来更不劳；貂惜毛戕甘受齿，犬防齿重不伤毛。（原作注：貂产索伦之东北，捕貂以犬，虞者裹粮以往，犬尝前驱，见其停嗅深草间，即貂所在，伏伺貂出，逐而噙之。貂爱其毛，受噙不自戕，犬知毛贵亦不伤，以齿故皆生得也，一虞人岁输一于官。）[④]"

赫哲猎犬的狩猎功能包括寻踪、认路和保护主人等等。因此，早年赫哲人家家户户养狗，少则三五条，多则十几条。猎犬，特别是兼作挽橇头狗的，从幼畜时期就加以训练：不让它外出，用脖套拴在院中的木桩上让它用力拉，以锻炼其脖颈和膀臂的拉力和耐力；喂食时不给食盐和带香味的食物，以免影响嗅觉；不使其吃得过饱，以免不积极捕猎野兽；出猎时，猎人与被驯犬一同挽着雪橇走，使其逐渐熟悉主人各项指令的呼唤格调；捕猎时，带领它认路、嗅兽洞、分辨各种野兽的气味，并让它与寻踪嗅洞熟练、经验丰富、行动迅疾的成熟猎犬一同捕猎野兽；二岁至七八岁是狗年富力强的最佳阶段，要不断地任优汰劣。

得力的猎犬，在嗅到洞内有野兽时，就用前爪不断扒挠洞口，以示主人；主人如挖洞至黄昏还未见到洞内野兽而停止，狗就把守洞口，以待主人次日再挖；如有野兽逃出洞外，狗就追上去将它咬死，然后回报主人并带至现场捡回猎物；每遇到凶猛的野兽，猎犬都冲在前面，并保护主人免受伤害。因为狗对赫哲人如此重要和忠诚，人们对狗都爱护有加，即便死后，也要将它埋起来或高高地挂在树枝上，不使其尸体被野兽吃掉，表现

①[清] 长顺 等修：《光绪吉林通志》（二十三）卷三十四《食货志七·物产下》。
②[清] 杨宾：《柳边纪略》，载于《龙江三纪》，黑龙江人民出版社，1985.10版，第81页。
③[清] 方式济：《龙沙纪略》，载于《龙江三纪》，黑龙江人民出版社，1985.10版，第211页。
④[清] 方观乘：《卜魁竹枝词二十四首》。

出未尽的眷恋之情。

猎人的勇敢、智慧与经验是从小培训和耳濡目染的结果。“生子无论冬夏，概沐以凉水①。”鄂伦春人“儿童玩耍时，用鹿的第七根肋骨来制作猎刀”。“7~8岁开始学习打猎，10几岁就能单枪匹马地活动，17~18岁就完全可以独立地活动在山野间，有的人从这时就成为一名优秀的猎手②。”

二、剥取兽皮

兽皮的剥离通常是在捕到猎物的现场由猎人即时完成的。比如每当打到狍子即刻剥皮，否则就要捂膛。具体剥离方法和过程是：开始先用尖刀将2条前腿的皮由蹄部向胸部划开，再从狍头下

剥狍皮

①魏声和等：《吉林地志、鸡林旧闻录、吉林乡土志》，吉林文史出版社，1986版，第42页。
②赵复兴：《鄂伦春族游猎文化》，内蒙古人民出版社，1991.5版，第33、51页。

咽喉处至后腿胯下沿中线将肚皮剖开。然后一只手拽住肚皮边缘，另一只手握成拳头在皮肉之间用力向里搥，使其分离。到后腿时再用刀尖顺着划到蹄子，除此整个剥离过程很少再用到刀子，仅在皮肉相连较紧处间或用刀划几下。待狍子躯干部的皮肉完全剥离，仅剩头部时，猎人用一只脚踩着狍脖子，两手握住皮子戗着头皮用力一拽，头皮也就完全脱落下来。至此一张狍皮即被完整地剥离下来。最后把皮、肉分别绑在马背上驮回临时住地或家中。

鄂伦春猎人个个深谙剥皮技艺，动作娴熟利落，剥一张狍皮快则几分钟，慢的也就十几分钟。

三、鞣制兽皮

鞣制不同的皮张要采用不同的方法和使用不同的工具。鞣制狍皮的步骤是：

晾狍皮

孟兰杰晾的狍皮

1. 晾干

早年比较正规的方法是：先用细桦木杆按着比待晾皮张略大的尺寸绑好一架长方形木框，将皮子的四边每隔10cm左右开一孔，用一条细长绳逐孔穿过绷在木框上，颇似今日的蹦床或南方人的“棕绷床”，然后将木架支起，让无毛面斜向上，待风吹干。近年也用简易的方法，即无毛面朝外搭在一通风处的横木杆上晾干。

2. 发酵

晾好后的狍子皮无毛的一面残余很多硬肉筋膜，直接硬来是很难去掉的。于是聪明的人们在长期的生活实践中摸索发明了一道独特工序——发酵——把生狍肝煮熟稍兑水捣烂（据说也有用狍脑子的），把晾干的狍皮毛朝下铺到木板或较干净的地上，用乌拉草蘸着狍肝浆水均匀地在皮板上涂抹一层，然后把狍皮毛朝外折叠卷紧，置于阴凉处，一两天后就可以进行下一道鞣皮工序了。

3. 刮、梳

刮、梳是鞣皮的关键工序。早年鞣制野猪、熊、犴、鹿等大型野兽皮时，须先用带齿的木铡刀“塔拉克文”将其轧软，再行刮梳。刮梳犴皮需用鞣皮刀“克得热”（或音“贺得勒”）、木棒上安装铁圈的刮皮刀“乌”和刮皮刀“毛丹”三种工具，而狍皮仅用前后两种即可。“克得热”长65cm左右，在一个略弯似弓背形的木柄的内弧镶有一条曲率一致的带锯齿的铁梳子。“毛丹”长度比“克得热”略短，是一种略弯的全部铁质的钝刃刀具。熟皮时，人坐在矮凳、木墩甚或直接坐在地上，两脚夹住待熟皮子的一角，使其皮板朝上，双手握住皮刀两端，刃部贴住皮板，由脚部的一端向怀内拉回。先用“克得热”反复刮揉，待皮板上残存的皮膜和污垢暴起，再用“毛丹”将其刮掉。如此反复交替进行。直至皮板雪白、柔软且富有弹性。本道工序既看技术水平，又消耗体力，并且人的两条腿相当于当作了砧板，个中艰辛不言而喻。

孟兰杰在熟狍皮

孟兰杰使用的熟皮刀

葛长云的铁制刮刀

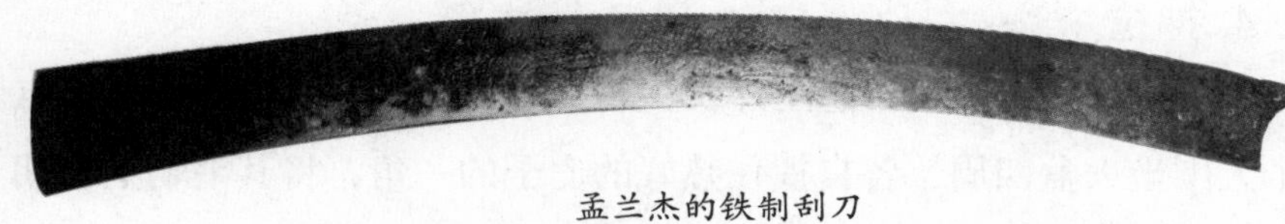

孟兰杰的铁制刮刀

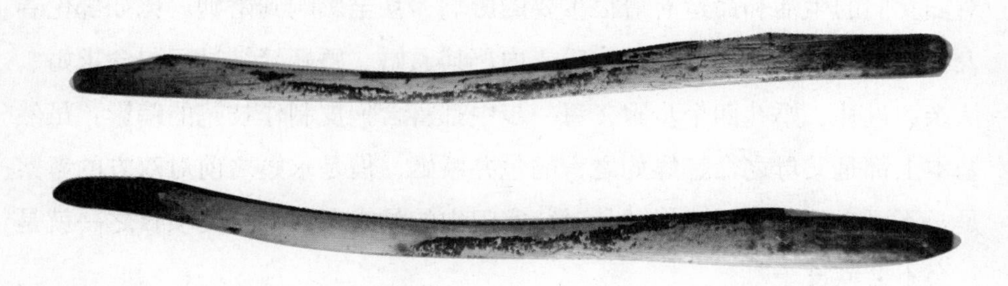

葛长云使用的熟皮刀

抻拉

4. 抻拉

抻拉是鞣皮的最后一道工序。先将一些腐朽的木块放在瓦盆里点燃，几个人围坐火盆四周，各自拽住熟好的皮子的一角，将其毛朝上板朝下置于火的上方边烤边均力地向四外抻拉，皮子变得更加平展、柔软而富有弹性。

鞣制兽皮的工作，大多民族几乎全部由妇女承担。鞣皮技术掌握程度对妇女们的生活和命运有着很重要的影响，甚至影响到婚姻。比如鄂伦春人实行严格的族外婚制，同一氏族内严禁通婚。婚姻缔结过程包含求婚、认亲、过礼、婚礼四个步骤，每一步中都富含狍皮制作技艺的踪影：虽然基本上都是父母之命、媒妁之言的包办婚姻，但是求婚之前对双方的考察是必不可少的，尤值一提的是对待字闺中的姑娘考察的重要项目之一就是“会不会鞣皮子”。

四、拣选皮料

长期的生活经验使制作兽皮服装等物品的人们掌握了各种皮子的特

取狍筋

筋纤维

质，他们根据皮质的特性选用兽皮，如不同季节猎获的或不同部位的狍皮，可以制作各种不同的衣着：秋冬两季的狍皮毛长而密，皮厚结实，防寒力强，适宜做冬装；夏季的狍皮毛质稀疏短小，适宜做春夏季的衣装；用狍脖子皮做的靴底，柔软、踏雪无声，便于接近野兽；把整只狍子头的皮剥下来做皮帽以便伪装捕杀狍子；狍腿皮拼缝成褥子，既解决了不适合用于别的物品的问题，又结实耐用；皮子边角用于拼缝皮包和剪制纹饰，既节约了皮料，又增强了美感。

五、裁剪缝合

独特的生产、生活方式造就了黑龙江流域具有兽皮文化的几个民族的人们制作服装器具的独特经验和方法。如在缝制皮衣时，裁剪不用格尺，只用手量；而且量得合适又准确。这完全凭借妇女们的智慧和心灵手巧。近代裁剪的工具是铁制剪刀，据说铁剪传入之前是用石器划割。皮袍裁成6块：上背、后襟、前胸、前襟、左袖和右袖；皮袄裁成5块：后襟、前左襟、前右襟、左袖和右袖。裁减过程的另一大特色是对皮料的充分与合理

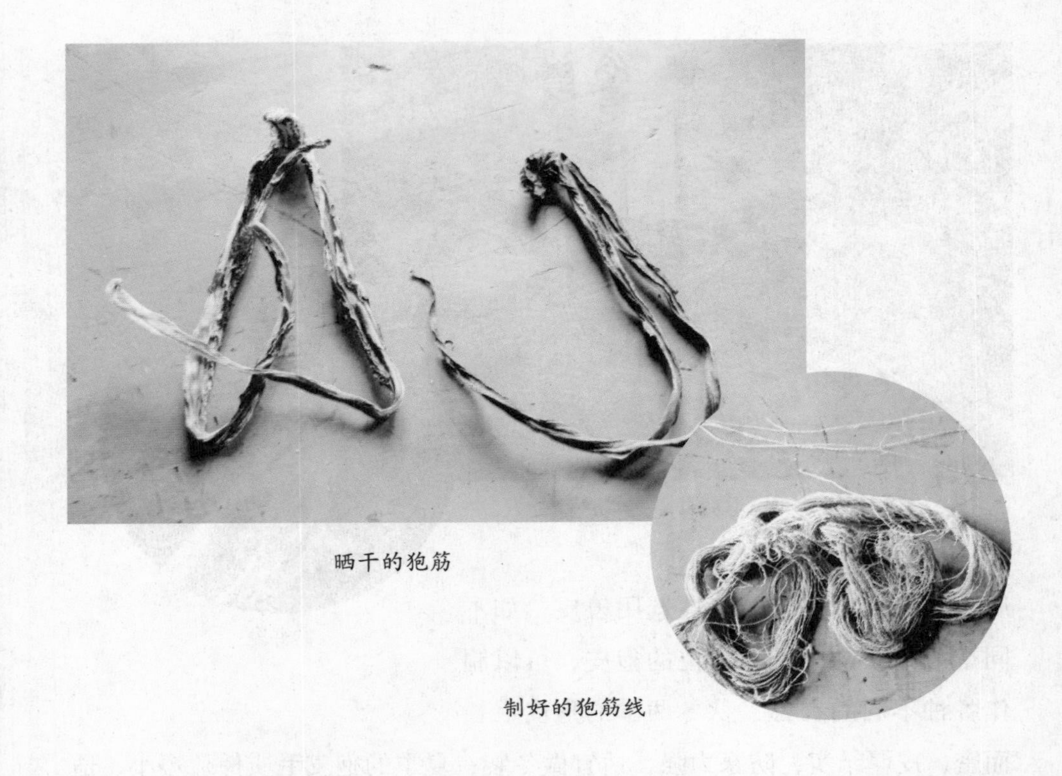

晒干的狍筋

制好的狍筋线

砸筋

吴福红制作的狍筋线

地利用。大件的衣物裁完，遗余的边角料可留待做小的烟荷包、火镰袋或者拼成大块制作褥垫、背包等。

早年缝制各种兽皮服饰和物品，大多用狍筋线、鹿筋线或犴筋线。兽筋线的制作过程漫长繁复而精巧奇特。以狍筋线为例：第一步，在分解剥皮后的狍肉时，取下里脊，将其筋膜剔下，置于通风处晾干。第二步，找一段粗圆木充作砧子，一只手握住干狍筋的一端置于木砧上，另一只手握住一个类似捶衣棒槌的木棒（人们经常制作专用的木槌。笔者调查时，传承人孟兰杰说，孩子嫌脏，不让她干了，把她的工具给扔了。所以，她临时捡来一块木棒代用）向下捶砸狍筋，一边砸一边不断地翻转狍筋，短小的碎肉纤维随着捶砸翻转不断脱落，直至只剩下通长的筋纤维为止。第三步，坐在炕上，用一只手的拇指和食指捏住两根筋纤维的一端，放在裸露的小腿上，用另一只手的掌心在小腿上把两根筋纤维分别单向搓捻使之“上劲”，再合起来反向搓捻就成了一小段线，再续上两根筋纤维如前进

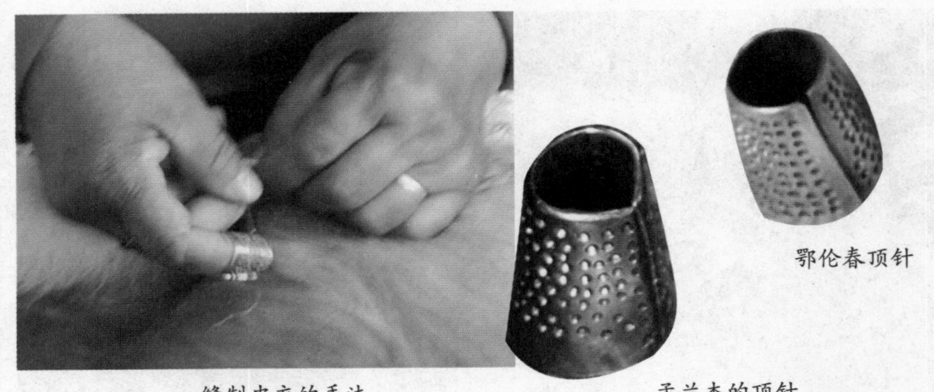

缝制皮衣的手法　　孟兰杰的顶针　　鄂伦春顶针

行，直到线足够长为止。这种线非常结实，用其缝制的衣服往往穿坏也不会绽线。

缝制兽皮衣物的针最初都是骨质或木制的，其历史可以追溯到几万年前，考古学家们经常以在古墓葬中发现骨针来断定墓主人是否已穿用皮制衣物。骨针一般使用狍子的小腿骨加工成细骨签，再在石头上磨砺成针。据说用落叶松的芯木做成的木针比骨针还坚硬锐利。遇到缝制多层较厚的兽皮，如上鞋底时，针很难扎动，就发明了骨锥——截取狍角的一个杈，将尖端在石头上磨成锥子。

皮质面料较之丝绸、麻布和棉布料更难扎透，因此鄂伦春等族的“顶针”形状和用法与汉人的都大有区别：略呈锥型，长度近于后者的3倍；用时戴在食指上而不是中指；用其顶针的施力方向是向内即自己的胸部方向，而不是汉人那样向外，据说是为了避免扎到别人，尤其是在身旁玩要的小孩。当然从力学角度考虑，食指向内的勾力要比中指向外的推力大很多，更利于穿透皮层。

穿用兽皮衣物的民族大都生活环境艰苦，原料匮乏，工具简陋，但是出于对美好生活的期盼和追求，做成的皮衣，手工却特别好，缝制得既结实又美观大方。比如鄂伦春人就有一句谚语“男人不怕山高，女人不怕活细”，生动描绘出男人狩猎的勇敢、女人缝纫的精妙。

六、装饰

装饰是兽皮制作技艺的点睛之笔。赫哲族历史文化研究先驱凌纯声先生曾经评述："图案——赫哲人的装饰艺术特别发达，在民族学上，提起图案艺术就说到赫哲。在他们的衣服帽鞋及用具上，到处可以看到图案[①]。"内蒙古社会科学院民族研究所副所长、研究员白兰则这样赞美鄂伦春的艺术："鄂伦春人一边艰难地前进，一边把它创造的物质财富、精神财富留在文化遗产里。兽皮文化和桦树皮文化完整地保存了森林文明的艺术创造。兽皮和桦树皮几乎涵盖了鄂伦春人生活中所需的一切，他们用兽皮和桦树皮制作的各种用品用具，其精湛的制作技术、丰富的花纹图案、便于游猎生活的设计创意，是任何现代器物都代替不了的[②]。"俄国人马克也这样赞叹："不能不惊奇的是，当地居民喜欢使自己的所有物品具有漂亮的外观，用多种多样的图纹装饰物品，和谐地调配他们使用的颜色，这一切都清楚显示出一种审美感，而这种审美感是此地部族具有的一个突出的特点，因为在任何一个东西伯利亚居民那里，我们都没有见过这样发达的艺术才能。服装、器皿以至每一个细小的物品，都装饰着镂花或图纹[③]。"

对兽皮衣物的装饰技法可分为染色、缝贴纹饰和刺绣等几种。

皮张染色，一般在鞣制以后裁剪加工之前进行。衣物的色彩不仅使之更加美丽，而且有些具有特定象征意义。比如据说鄂伦春人"认为红色是象征喜庆的颜色，所以姑娘出嫁时衣物多用红色装饰。黄色象征大地……又象征男子新婚之喜，也象征男子向大地一样胸怀宽广，力大无比。黑色象征婚姻到永远[④]"。因此，用于制作年轻人或婚礼穿的"苏恩"的大块毛皮的色彩几乎全部为黄色。

兽皮的染色，传统工艺都是用植物天然色素做染料。例如黄色，在枯死的烂柞树的树皮下面有一层像青苔一样的黄色薄膜，人们把它剥下来放在水里煮，水就变黄，晾凉后把熟好的皮革放在这种黄水里泡一天再捞出

①凌纯声：《松花江下游的赫哲族》，国立中央研究院历史语言研究所，1934版，第195、198页。
②白兰：《鄂伦春文化的生态拷问》，载于《中国民族报电子版》，2008年5月16日。
③[俄] P·马克《黑龙江旅行记》，吉林省哲学社会科学研究所翻译组译，商务印书馆，1977版，第236页。
④鄂·苏日台：《鄂伦春狩猎民俗与艺术》，第99页。

团纹

晾干，皮革就被染成了黄色；还有一种适用于毛皮染成黄色的方法，就是用朽木烧烟熏。再就是用朽木煮成黄水涂染。待剪刻纹饰的去毛小皮块有黑、黄、蓝、绿、红等数种，多是用烟灰或植物的天然色素染成。

缝贴纹饰，采用先剪刻花纹图案再缝贴的方法。又有人称为“补贴绣”，这可能缘于它是由原始的生存的艺术渐次发展演变成了艺术的生存。最典型的就是开衩处的缝绣纹饰。长年的游猎，鄂伦春人有时一天之内上下马的次数要超过十余次，开衩受到频繁的拶扯，即便兽筋线结实不易绽开，但是皮子很容易在针眼扯裂，就需要及时打上补丁。后来，为了防微杜渐，就在衣袍做成未穿之前，先在开衩处用一小块光板皮条横向缝一个补丁，形成“大”字形。后来渐觉新衣服就钉几块补丁有碍观瞻，于是把补丁剪刻得尽量规矩且相互一致，随之出现了“夫”字、“关”字、“羊”字形装饰骨架。再后来逐渐把它刻意剪刻成各种精美的图案并染成彩色，最终形成了加固与装饰功能兼而有之的补绣纹饰。其他如衣袍的前胸后背，衣袍、套裤、手套、靴鞋、围子、皮被等的接缝、边角及其他容易磨损的地方的补绣纹饰，应该也是出于同样的缘由和目的。

刺绣纹饰，大都是直接用五彩丝线在皮制品上刺绣一定的花纹图案。比如香包、烟荷包、帽子及手套等，最典型的是五指手套。与汉人在丝绸、棉布衣物上的刺绣没有明显区别。制作过程是先在皮子上绣好图案，然后再剪裁、缝纫。这样避免了手套手指面积小、不好绣花的难处，表现出人们的聪明智慧。

兽皮衣物上的缝贴和刺绣纹饰特点之一是色彩鲜明、反差强烈、主题突出。以皮袍开衩纹装饰为例：主纹多以熏黑的兽皮板制作，而以红、黄、绿、粉红、蓝等彩色皮或布作装饰，与黑色主纹形成强烈的对比，使主纹突出，色彩艳丽。如黑龙江省民族博物馆收藏了一件1953年制作的鄂伦春族镶黑皮花边的少女皮袍：袍身用小毛狍皮缝制，领口、袖口和衣边都用黑皮镶嵌着云卷纹图案，两侧开气处和右腋下大襟中段缝有彩绣花纹。其中红、绿、黄色线绣成的条纹系用两根针同时对刺的技术绣成，做工非常精致，堪称兽皮制作技艺的精品。

皮围子角角偶纹饰

兽皮衣物上的纹饰排列方式大概可分4种：

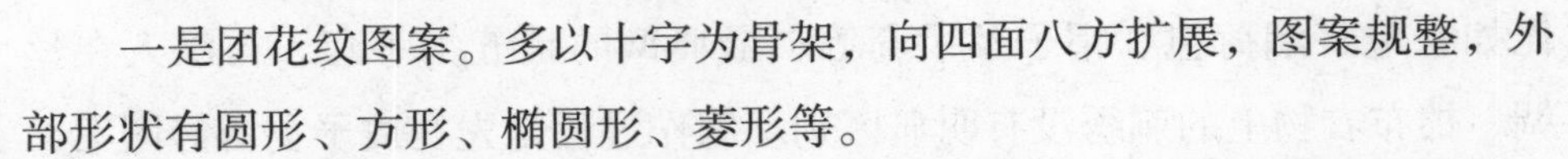

一是团花纹图案。多以十字为骨架，向四面八方扩展，图案规整，外部形状有圆形、方形、椭圆形、菱形等。

二是两方或四方连续图案。这类图案是受到外来文化影响的产物。多用斜线、回纹线等。一般在皮被边缘、妇女皮帽边沿、皮靴、皮手套筒口边沿等。

三是角偶花。是以对角和四角的形式出现，结构是四角都一样或上下左右两两相同。花型结构多与中心花配合，互相对应，组成一个整体；有时也独立存在。常用于皮兜的四角、皮袍大襟角等。

鄂伦春皮袍前胸通用纹饰

四是单独存在的独立花纹样。这是颇具鄂伦春民族特色的图案。没有固定的外形，妇女创作随意性也很强。大多是自然界中经常看到的事物经过美化，如一朵盛开的花朵、一只采花的蝴蝶、一只奔跑的袍子等等。

兽皮衣物上的纹饰质料多是去毛而染色的狍皮，图案丰富多姿，主要有云卷纹、植物纹、盘条纹、盘长纹、弓箭形纹、鹿角形纹、动物纹等多种。

鄂伦春人无论男女老幼，所穿的“苏恩”前后胸约定俗成必有一种线条极其简洁明快的纹饰。但其寓意却至少有3种以上：其一是“云卷”说，内蒙师大的哈纳斯记述：“据鄂伦春人讲天空、云彩是很美好的东

螺旋云卷纹饰

螺旋云卷纹饰

西，将云彩绣在前胸背后，表示吉利，能给人带来好运[①]”；其二是“高山”说，高高的兴安岭是世世代代鄂伦春人的衣食之源，把它绣在前胸后背既是对它的赞美又是对它的怀念；三是“母亲河”说，从城镇乡村旁流过的河流，对该地人们有哺育滋养的恩惠，历来被居住在那里的人们作为母亲河，因此人们对她倍加崇敬与珍爱。从黑河新生鄂伦春民族乡蜿蜒流过的一条河流的名字叫做“刺尔滨河”，是新生乡鄂伦春人的母亲河。而贴饰于皮袍前胸后背的纹饰的名字鄂伦春语发音就是“刺尔珀”。“刺尔珀”——“刺尔滨”，是纹饰因河

① 哈纳斯《试论鄂伦春族的兽皮文化》（引自《黑龙江民族丛刊》1993年第2期65页）

两方连续几何纹

螺旋云卷纹饰

南绰罗（百合）花纹饰

抽象花纹饰

而名，抑或河流援纹饰之称，如今已不能确知，但是纹饰上缘起伏波动的线条，恰似河流蜿蜒流淌，又如河水在微风下悄悄泛起的涟漪，谁能不认同缝贴在前后心的纹饰就是萦回于鄂伦春人心间的母亲河呢。

更普遍的云卷纹是使用阳刻和阴刻手法表现出来的螺旋云卷。

植物纹以抽象写意的叶子纹、树形纹、花草纹、花蕾纹等为主，花繁叶茂，疏密有致，象征繁荣昌盛，一般缝贴在女子皮服的衣襟开衩处、衣领和袖口处。鄂伦春妇女平时把山林各种野生花卉的形状都记在心里。在绣花时，这种印象的积累便发挥了作用。其中南绰罗花纹样尤为突出，运用甚广。“南绰罗花”汉语义为“百合花”，寓意“百年好合”，象征纯洁的爱情，多用于姑娘嫁妆的衣饰，以示爱情纯真幸福。鄂伦春人通常把尚未结婚的少女当作最好看的、鄂伦春人最喜爱的花——南绰罗花看待；把未婚的男子都称为“孤男”（即使他的双亲都还健在）。他们认为一结

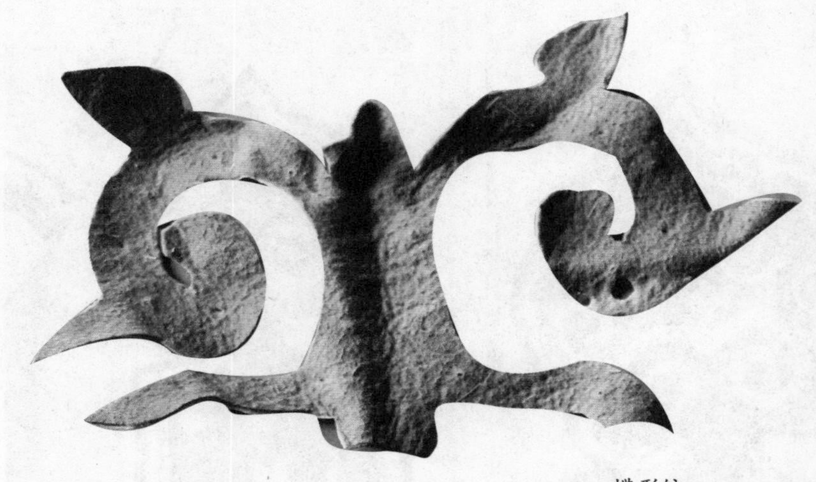

蝶形纹

婚孤男有了南绰罗花在身旁，就不再感到孤独了。花呈“十”字形，以云卷变形纹表示。据说：“多情的姑娘在定亲时，常把绣有他们叫做南绰罗花的烟荷包送给未婚夫。南绰罗花是……像宝石一样美丽的小花，鄂伦春人最喜欢它。他们把姑娘当成最美的花，小伙子……有了南绰罗花在身旁，就不会感到孤独了。所以绣有精美的南绰罗花的各种小物件，大多都是鄂伦春人的定情之物[①]。”

动物纹主要有云卷蝴蝶纹、鹿形纹、鹿头云卷纹及马纹。尤以抽象表意的鹿角形纹数量最多。早年的鄂伦春、鄂温克（埃文基）的一些部落以畜养驯鹿为生，食肉衣皮、驮载重物、拖曳爬犁，须臾不可或缺。鹿或鹿角就曾是某些氏族的徽记，情有独钟，久久不能释怀，恰在情理之中。

还有借鉴他民族的纹样，如“卍”字、“寿”字纹等。用毛皮块拼接成图案作为纹饰在服装上很少，大多用于各种包，直接拼缝成几何纹，主要有圆点纹、三角纹、水波纹、浪花纹、半圆纹、单回纹、双回纹、丁字纹、方形纹、涡纹等，也有写实的动植物纹。多半依个人需要大量组合，以产生新的图案节奏和旋律。

刺绣花以写实图形为主，品种类别丰富，有山上的花草、天上的云

①许以僖：《鄂伦春族的民间工艺品》，载于《中国建设》1982 年第2期，第76～78 页。

霞、水中的鱼虾。兽皮文化民族的人们世世代代居住在山林中，在与外界没有来往的环境里，在生产生活丰富的实践中，妇女们凭借自身的智慧和能力创造了本民族独特的服饰文化，使之成为独树一帜的民族文化特色。

抽象鹿形纹

黑龙江流域各民族对于图案纹饰的喜爱和运用体现了他们对大自然的充分理解，是他们与大自然和谐相处的结果。也体现了他们对生活的热爱和对美好生活的向往和追求。长期的游猎生活中，日常所见都是雄伟的高山大川、生机盎然的动物、苍翠欲滴的山林、万紫千红的花草。这些陶冶了他们粗犷豪放的性格、超凡脱俗的审美情趣，也激励了他们对美好事物的不懈追求。人们对大自然仔细地观察和记忆，再在制作兽皮制品时将自己的情感和对未来美好的憧憬都融溶其间，通过加在衣物上的纹饰倾泻出来。

鄂伦春族第一位女大学教师吴雅芝说："兴安岭茫茫林海，不但是鄂伦春人生命的摇篮，也为他们的手工艺术创作提供了不尽的源泉。奔驰翱翔的走兽飞禽、遍布山野的奇花异草、池边河湾的水珠浪花，都是他们艺术创作的素材，而毛色各异的动物皮革、满山满岭的白桦树皮，则成为他们展现艺术才华的最佳载体。鄂伦春人的传统工艺图案均取材大自然，但又不是大自然的简单临摹，那一幅幅或夸张放大、或精雕细琢的动物、花卉形象，透露出他们的审美理想和审美情趣。这些装饰图案都是鄂伦春人根据大自然的形象加上自己的想象创作出来的，他们把生活的现实和对生

活的理想都生动地刻画在自己的作品中，如嫁妆箱‘阿达玛拉’，那象征美满幸福的‘南绰罗’[①]。”鄂伦春族第一位女博士刘晓春说：“鄂伦春妇女之所以被称为‘山野的花朵’、‘林中的太阳’，是因为大自然赋予了她们无限的想象力和创造力，她们创造的桦树皮工艺、兽皮刺绣世代相传，蜚声海内外[②]。”

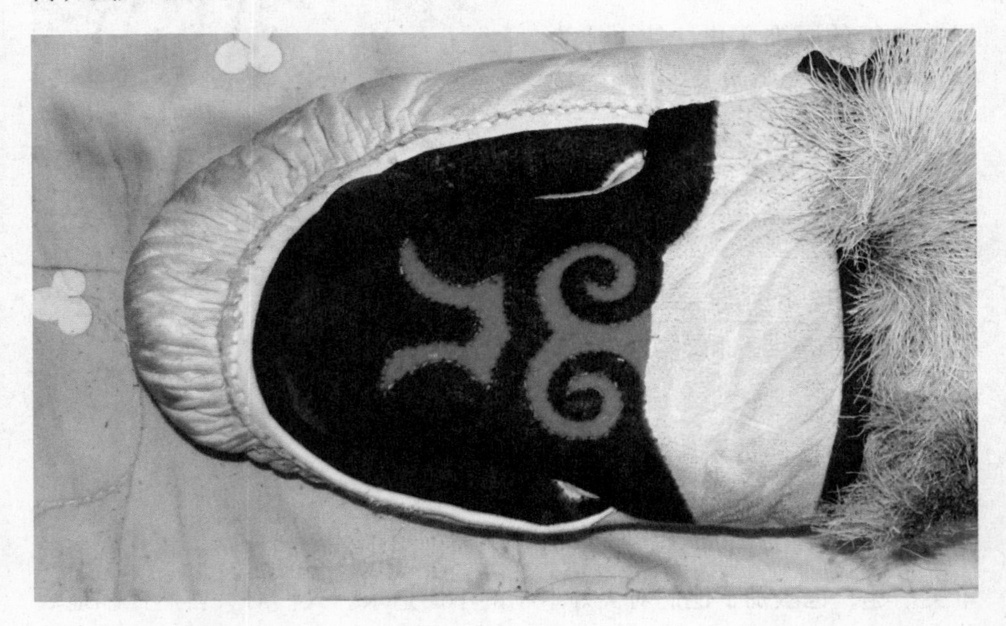

抽象鹿形纹

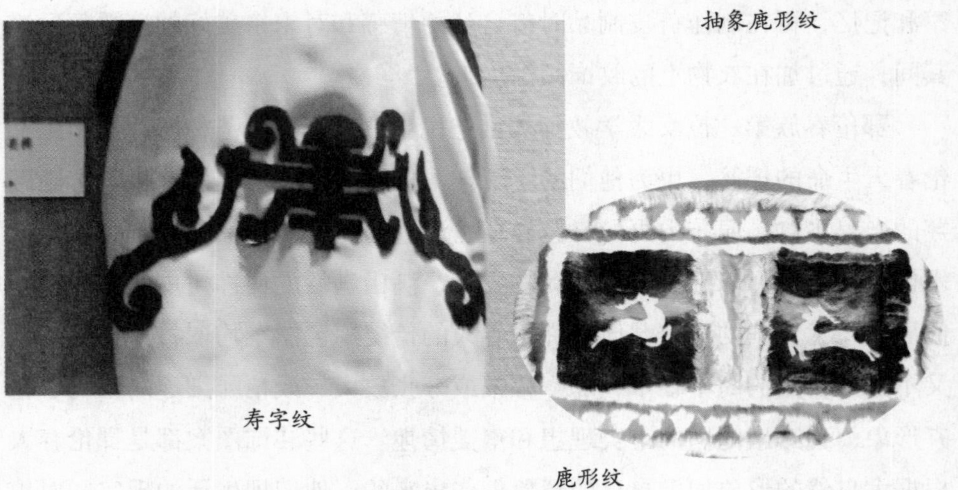

寿字纹

鹿形纹

①吴雅芝：《最后的传说 鄂伦春族文化研究》，中央民族大学出版社，2006.5版，第218~219页。

②刘晓春：《鄂伦春风情录》，四川民族出版社，1999.9版，第2、101页。

1961年11月，赴内蒙古鄂伦春族自治旗收购狩猎文化文物的专家们在大兴安岭密林中夜宿

制作兽皮衣物，早期是生活在黑龙江流域穿用兽皮各民族普遍掌握的基本生活技能，既有社会传承又有家族传承。随着生活水平和审美情趣的提高，实用品的艺术成分与日俱增，技能演变成了具有浓郁地方民族特色的文化和技艺。这既是长期经验的积累，又是集体智慧的结晶，是一种集腋成裘般兼收并蓄而致大成。在资源渐趋萎缩，单一的渔猎经济转型前后，一些民间艺人们在有关部门、民族工作者及专家学者的支持协助下，顽强地把这一独具特色的文化和技艺传承了下来，成为我国乃至世界非物质文化遗产的一朵奇葩。

凌纯声先生可以说是三皮文化研究、保护与促进传承的先驱，他在20

宋兆麟在黑龙江展区接受记者采访

顾德清工作

鄂·苏日台

关小云、郭宝林在加拿大

世纪30年代初著就出版的《松花江下游的赫哲族》一书中，以大量篇幅记录了赫哲等民族鱼皮、桦皮和兽皮制品的形态、尺寸和制作方法，并做了很多研究性的评述和比较。为后继的人们深入研究和传承留下了不可多得的历史、文字、图片资料和范例。

鄂伦春少女

早在20世纪50、60年代，一批有志的年轻民族研究工作者和专家，前赴后继深入内蒙古、东北的少数民族地区探访调查。他们顶风冒雪、披荆斩

鄂伦春猎人

棘冲入深山老林，与少数民族同吃同住，获得了今天以及今后再也无法获得的、极其珍贵的、包括三皮文化在内的民族文化鲜活的资料。而后撰写出一批鄂伦春、鄂温克、赫哲、达斡尔等民族的分地区、分部落的调查报告，成为黑龙江流域民族文化研究的宝贵资料。参与调查的一些专家学者们，又在此基础上陆续撰写了专著，做了更详尽的记载和深入的研究。如秋浦先生的《鄂伦春人》、《鄂温克人的原始社会形态》、《鄂伦春社会的发展》，白皓先生发表在《鄂伦春族》（画册）和赴美国展览的《中国少数民族之窗》上的照片、《鄂伦春的民间工艺品》系列摄影作品，赵复兴先生的《鄂伦春族研究》、《鄂伦春族游猎文化》，宋兆麟先生的《最后的捕猎者》等等，都极大地促进了黑龙江流域三皮文化的研究、保护和传承。

没有赶上那个年代调查的顾德清先生、鄂·苏日台先生和全国第一

白英在国际会展厅里搭建的狍皮撮罗子

个鄂伦春族正高职研究员韩有峰、中国民间文艺家协会会员关小云、“民族杰出美术家”白英、鄂伦春族第一位大学教师吴雅芝、鄂伦春族第一位女博士刘晓春等等都在不同年代深入民族地区调查研究，用他们手中的相机、画笔和文字生动地记录了各地民族文化。同时他们或奔走呼号、或募捐筹款、甚或自出资金，呼吁、促进、扶助三皮文化的研究、保护、继承和发展。例如鄂伦春第一代画家白英不辞疲倦地用自己的画笔描绘本族同胞身穿民族标志服装——狍皮袍的生动形象，多次荣获国家级、世界级大奖。继而奔走募捐，促使总部设在香港的“鄂伦春基金会”2004年成立。为了能还原鄂伦春民族极富特色的狍皮服饰文化，他经常要奔波到各地收集狍皮，然后交给民间艺人并予以督导。2008年9月2号，他在黑龙江白银纳鄂伦春民族乡工作时，在现场摔伤，手臂骨折，不待痊愈又投入工作。2009年他为在昆明举行的“国际人类学与民族学联合会第十六届世界大会”亲手搭建了一顶狍皮“斜仁柱”，向参会的全世界专家学者展示鄂伦春的狍皮制作技艺等传统民族文化。

在这一背景下，本已顽强坚持的民间艺人更增强了信心，继而适逢国家大力保护非物质文化遗产，在各级政府、民族工作者和专家的扶持和协助下，积极投入到三皮文化与技艺的发掘、保护、继承、传授和发展。涌现了一批各级非物质文化遗产的传承人。兽皮文化与技艺传承人中突出的有：

孟兰杰，是一位颇具代表性的传承人。孟兰杰狍皮制作技艺母系传承谱系有四代。第一代吴名哥艳母辈，其家族世代以狩猎为生，从小随母学习缝制兽皮制品。第二代吴名哥艳（1881—1961）。第三代葛喜花（1919—1981），孟兰杰的继母，做一手好皮活。其制作的女式、男式皮袄等被新生乡展览馆收藏。第四代孟兰杰。她于1948年11月出生在呼玛县一个鄂伦春族游猎世家，5岁时赶上鄂伦春族下山定居，随父搬迁到新生乡；10岁时上小学，15岁小学毕业后一直在家帮助父母干活。他生母去世早，11岁时，父亲亲手做了一个刮皮刀送给她，让她随继母学习制作兽皮

孟兰杰与新生乡领导交谈兽皮技艺

制品，给家里人缝衣做袜。十几岁就已掌握熟皮、缝制一般兽皮活的技艺。22岁结婚，婆婆家也是鄂伦春猎民。当时还经常上山打猎，她就为亲戚朋友制作套裤、皮袍、巴掌、皮褥、手套、烟袋、背包等生活用品，并时常向姐妹们传授技艺。父亲送的刮皮刀是她一直使用到现在的熟皮工具。

随着弃猎从农，兽皮技艺逐渐失传。孟兰杰成为仅有的几位制作能手之一，先后为新生乡岭上人展览馆、爱辉展览馆制作男式皮袄、背包等大量袍皮制品，展览、宣传民族文化。

她的技艺特征是熟皮技艺精湛，皮质极柔软；擅长缝制长袍、套裤、手套等实用性突出的生活用品；剪皮花是她的绝活，在几个传承人中是唯一还掌握此技艺的人。兽皮制品上的剪皮、刺绣等装饰艺术非常典型，是鄂伦春民族的纹饰艺术特征。她仍然掌握狍筋线的制作技艺，始终使用狍筋线做活。她能够把濒危的传统熟皮技艺、狍筋线的制作技艺及剪皮花的技艺保存下来，是极大的贡献。她还保存着皮袍、套裤、巴掌、皮褥、手套、口袋、狍筋线、剪完的皮花、使用过的熊皮口袋。还保存了一件母亲没有剪完的皮花，极其珍贵。

近几年，她经常接受民族学者及宣传媒体的采录，保存了珍贵的传统技艺。2006年，其制作狍皮的照片参加国家非物质文化遗产展览，产生极好影响。狍皮制作技艺申报国家级名录时，她已成为当地鄂伦春族公认的狍皮技艺传承人，并被几个传承人公推为传统技艺第一人。经专家组认真讨论，一致认为该传承人技艺突出，公认程度高，2007年确定为省级代表性传承人。2008年被推荐申报国家级代表性传承人，2009年获得批准，成为鄂伦春族狍皮制作技艺国家级代表性传承人。

葛长云，也是出生在猎民世家，兽皮技艺为家族传承，其母亲葛孟氏（1892—1955）从小就和母辈做皮活，学到了一手好手艺，成为葛孟氏谱系能够记住名字的第二代传承人。婚后，葛孟氏又教会了小姑子——第三

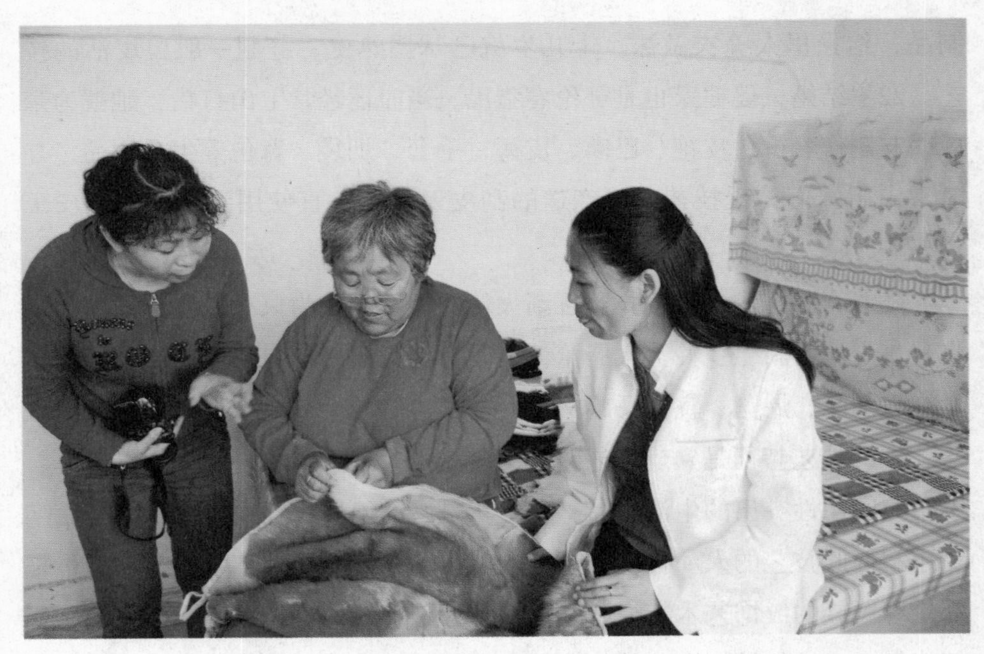

葛长云与新生乡领导交谈兽皮技艺

代传承人葛不错（1910—1967）。第四代传承人（省级代表性传承人）葛长云 1947出生在山里，她记得，夏天全家在山里游猎，冬季就在山里第三个河口边上住，那里叫泉山，是他们过冬的地方。后来下山定居在新生乡。她和姑姑葛不错学做皮活，她制作的皮被、套裤、巴掌、皮褥、卡气儿、其哈密、背包等生活用品结实、耐用，特别是狍头帽做得细致生动，像活灵活现的真狍子。

她在皮活上绣花是最拿手的，她手中有各种颜色的绣花线，都是下乡到村里的上海知青送给她的。她说上海知青在这里和她相处得可好了，知道她会绣花，回上海探亲归队时总是给她带花线，直到现在还没用完呢。言语中流露着与上海知青深深的情谊。

葛长云的姑爷至今仍然喜欢上山打猎，他就给姑爷及其打猎的同伴做狍头帽，笔者采访她时，她已缝出了6个帽子。还有她给姑爷做的上山用的狍皮被。她说，每次上山都要7~10天左右，盖狍皮被暖和，被头被脚都是能抽紧的，在山上睡觉把肩膀和脚塞里面，自然就掖上裹住，就像睡袋，但出入携带可比睡袋方便得多。还有手套和套裤，都还是实用品。她顺手拿起已经很旧的一副手套，把手伸进去，然后从拇指与手掌之间的开口处，拿出手做了一个扣动枪机的动作，嘴里喊了一声"啪"，把大家全逗乐了。她就是这样一个开朗活泼又能歌善舞、知恩感恩、热爱生活的传承人。

2009年元宵节期间，她带着自己的作品参加了全国非物质文化遗产手工技艺大展。第一次来到北京的她，非常兴奋，她热情认真地给观众讲解、演示技艺。当国家领导来到展区，她还高兴地给领导和观众唱鄂伦春语民歌，唱到兴头就走出展台，边歌边舞。她虽然较胖，又是过了花甲之年的老妇人，但跳起民族舞，步伐轻盈，舞姿优美，加上那鲜艳的民族服饰，真是一道风景，不时引来一阵阵热烈的掌声。

她情不自禁地说："国家这么重视我们，我们一定要好好保护我们的文化。"她向领队提出要求：我第一次来北京，想看看毛主席。领队带她

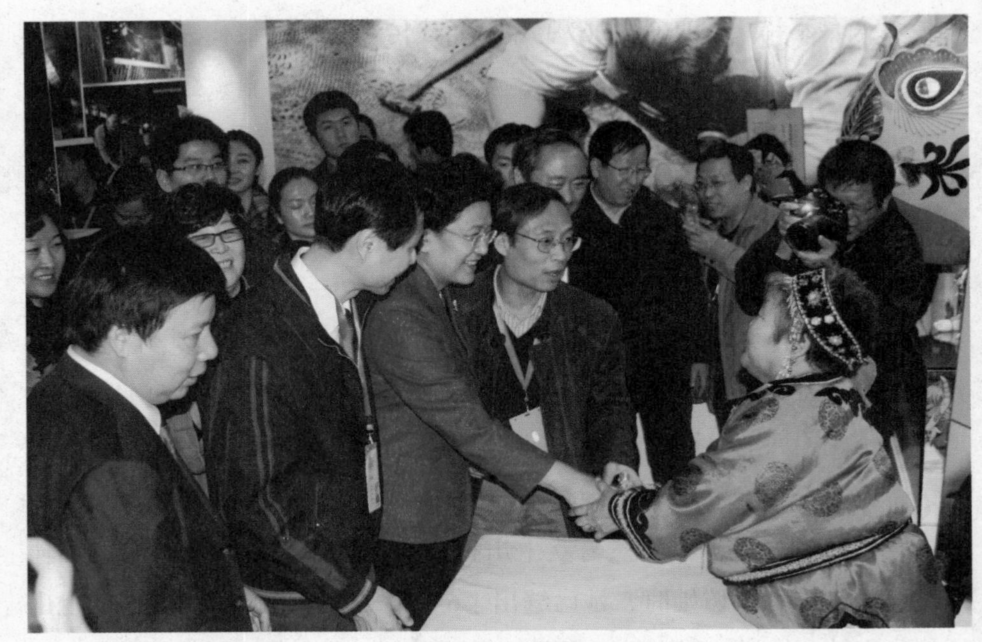

刘延东在展台前与葛长云亲切握手

去了主席纪念堂，看到毛主席的遗容，她百感交集，热泪滚滚。是毛主席领导的共产党，将他们从深山老林，从死亡的边缘上解救了出来，走上了现代化的幸福生活。第一次出远门，她没有带换洗的衣服，舍不得买，就晚上洗早晨换。可此时她却毫不犹豫地买了鲜花敬献给心中的大救星。走出主席纪念堂很远，泪水还在她脸颊上闪动。这是她这一代获得新生的鄂伦春人的共同的内心真情的流露。

新生乡的传承人还有吴福红，1942出生，近代也是由母系的家族传承。属葛平谱系，可追述四代。第一代葛平母辈，第二代葛平（1902—1952），第三代吴彩春（1931—1981），第四代吴福红，30岁后开始学做皮活，经常为亲戚朋友制作套裤、巴掌、皮褥等生活用品。皮活做得很好，还会制作狍筋线。同时与葛长云一样保持了鄂伦春人热情豪放、能歌善舞的特性。

黑河新生乡狍皮制作民间艺人还有莫桂芝，其谱系：第二代魏吉梅

（1925—1984），第三代孟林杰（1930—1982），第四代莫桂芝，1955年生，从小就和母亲为父兄制作上山打围所需的皮被、皮褥、套裤等用品。

大兴安岭地区还有几位狍皮技艺的传承人。

祖辈居住于大兴安岭地区呼玛河流域的关金芳，是呼玛县具有代表性的服饰制作传承人，她的长辈都是制作鄂伦春服饰的能手，其太奶吴恰尔堪·依罗、奶奶吴恰尔堪·平卓，就曾是缝制各种服饰的能手。在她们的影响下，其母玛哈依尔·玉兰，以及姑母关扣杰、关扣妮成为闻名于呼玛尔河流域的著名巧手，不仅能用皮料而且能用布料、绸料等缝制各种服饰，自成特色。在其母及姑母们的熏陶和传授下，关金芳较全面掌握了各种传统服饰制作的技艺。

关金芳还出生在萨满家族。她姥姥古拉依尔·乌丽艳，曾是大兴安岭各流域远近闻名的顶尖级的萨满，父亲古拉依尔·佰宝、舅舅莫捏依尔·宝林也曾是萨满，姑姑古拉依尔·关扣妮是现在中国鄂伦春唯一健在的做过萨满的老人，现已75岁。关金芳自幼受家族影响，也学会了萨满神服的制作。

吴福红与专家及爱辉区、新生乡领导交谈兽皮技艺

关金芳制作民族服装

呼玛县鄂伦春服饰展演

30余年来，她练就了一手灵巧的民族服饰手工制作技艺，做工精美，手绣的各种图案纹理清晰，并掌握各种工艺。她熟的皮子既柔软又经久耐用，制作的萨满服古朴典雅。她在制作的同时，认真挖掘研究鄂伦春不同流域、不同年代的萨满神服制作技艺。关金芳是鄂伦春制作萨满神服技艺的最佳传承人，也是挖掘、抢救、保护、传承萨满文化的代表人之一。

1984年与母亲、大姨一同制作了一套萨满神服，2000年与二姑制作了一套，2004、2005年自己制作了两套神服，到2009年8月共为呼玛县白银纳乡民间艺术团制作了11套萨满神服。近几年，她在潜心研究各不同流域以及各不同发展时期的萨满服饰文化。她还根据需要组织大家用业余时间制作了4件萨满服和17套狍皮服饰，并指导白银纳鄂伦春民族乡的年轻人用各种面料制作了200余套民族服装。现在她也开始将其技艺传授给她的侄女和晚辈，已使他们初步掌握了加工和制作技艺。她制作的狍皮演出服装备了一个小型演出团，巡回演出展示鄂伦春传统文化，受到普遍好评，曾博得中共中央常委李长春和黑龙江省委书记吉炳轩的喝彩。

她对抢救、挖掘与开发鄂伦春族狍皮文化、服饰文化及纹饰技艺到了忘我和痴迷的程度，相当部分的经费都由她个人出。几年来收集、复制、创作纹饰纸样数百张，甚至在火车上吃着方便面突发灵感，就用面碗纸盖剪刻一个纹样。她已经被批准为省级名录“鄂伦春族服饰”和“鄂伦春族剪纸”的代表性传承人。

孟淑卿，1943年11月5日出生，高中文化，原呼玛县白银纳鄂伦春族乡副乡长，是现存为数不多的有游猎生活经历、熟练掌握民族语言的鄂伦春族老人。而且在长期从事鄂伦春民族工作期间注意积累了丰富的经验，较同龄鄂伦春族老人文化程度高，口头表达能力和分析问题能力强。退休后则致力于民族传统文化的保护和挖掘工作，全身心地投入民族文化保护工作之中。她用自己的退休金购买兽皮等制作鄂伦春族生活用具的原材料，潜心研究，虚心学习，还毫不保留地将自己掌握的鄂伦春族生产生活技能传授给年轻人。

狍皮服表演

她特别热衷于撮罗子搭建技艺的保护与传承。现已成为省级非物质文化遗产保护名录“鄂伦春族撮罗子制作技艺”代表性传承人。笔者亲眼目睹了她搭建撮罗子的过程。她制作的狍皮围子用了80多张狍皮，其中一片大的呈扇形，有毛的是外面，既挡风寒又保暖。里面绣着各种纹饰图案。门帘也是狍皮制作。她说，准备再做100多张狍皮的大围子。她正在为中国民族博物馆制作狍皮萨满服、狍皮套裤等制品。她为鄂伦春族文化的保护工作作出了突出贡献。

呼玛县白银纳鄂伦春族乡的关扣尼，1935年出生于大兴安岭西尔根河流域的鄂伦春族倭勒河部落的古拉依尔氏族，她是这个家族的第15位萨满。已至暮年的关扣尼仍然为保护抢救民族传统文化作着贡献。我们采访老人时，她又新制作了鄂伦春传统的狍皮袍、皮裤和一套狍皮萨满服饰。2006年6月3日，她被中国文联、中国民间文艺家协会命名为“中国民间文

孟淑卿

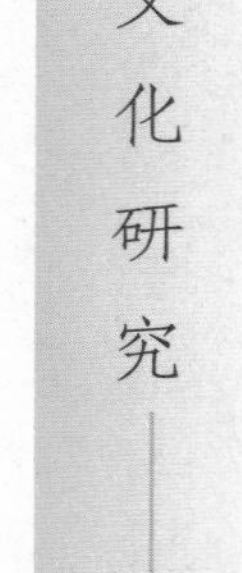

穿自制狍皮服的关扣妮

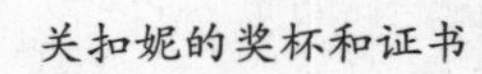

关扣妮的奖杯和证书

黑河新建的民族风情园和博物馆

新生乡民族展览馆

化杰出传承人”。她是省级名录“鄂伦春族萨满习俗”代表性传承人。

塔河县十八站鄂伦春乡83岁高龄的关永妮眼睛不好，就为别人剪裁；吴秀华不会裁剪，就单作缝制。这样互相帮助，保护着濒危的制作技艺。葛小华也会制作狍皮衣，她花费3个月时间，使用了7张狍皮，缝制了一件女式皮袍。

从上述照片已经看到，黑龙江流域三皮文化得到上至中共中央常委下到乡村干部的高度关注和扶持。各市、县、乡文化部门做了大量具体工作，除了上述照片中表现出爱辉区乡两级领导深入传承人家中调研狍皮文化与技艺保护、传承落实情况之外，各地还新建或在原建中辟出专区，展览体现三皮文化的非物质文化遗产实物和传承成果。最近，黑河市爱辉区

新生乡民族展览馆

漠河鄂伦春民族博物馆内

相继举办非物质文化遗产培训班，成立永久性的鄂伦春族狍皮制作技艺传习所，加强三皮文化与技艺的保护与传承。

相信，在政府与民间、专家与传承人共同努力下，黑龙江流域的三皮文化与技艺势必薪烬火燃，绵亘不熄，并定然发扬光大，为我国文化多样性增色，在世界多样文化园中占领一席之地。

黑河爱辉非遗培训班

参考书目

1. 沈从文 .《中国古代服饰研究》. 上海书店出版社，1997
2. [汉] 班固 .《白虎通义》. 商务印书馆，1937.12
3. [汉] 戴圣 .《礼记》[宋] 陈澔 注 . 上海古籍出版社，1987
4. [战国] 韩非 .《韩非子》. 辽宁教育出版社，1997
5. [唐] 孔颖达 疏 .《春秋左传注疏·卷四》，中华书局，1900
6. 华梅 要彬 .《西方服装史》. 中国纺织出版社，2003
7. 华梅 .《人类服饰文化学》. 天津人民出版社，1995.12
8. [后晋] 刘昫等 .《旧唐书》. 吉林人民出版社，1995
9. [元] 脱脱 阿鲁图 .《宋史》. 中华书局，1977.11
10. [汉] 戴圣 .《礼记》. 蓝天出版社，2008
11. [汉] 班固 .《汉书》. 中州古籍出版社，1991
12. [唐] 李延寿 .《北史》. 中华书局，1974.10
13. [宋] 范晔 .《后汉书》. 中华书局，1965.05
14. [晋] 郭璞 .《山海经图赞》. 古典文学出版社，1958
15. [北齐] 魏收 .《魏书》. 中华书局，1974.06
16. [唐] 房玄龄 .《晋书》. 中华书局，1974.11
17. [唐] 魏征等撰 .《隋书》. 中华书局，1973.08
18. [宋] 欧阳修 宋祁 .《新唐书》. 中华书局，1975
19. [宋] 徐梦莘 .《三朝北盟会编》. 上海古籍出版社，1987.10

20. [明] 毕恭 .《辽东志》. 辽海书社

21. [清] 傅恒 .《皇清职贡图》. 辽沈书社，1991.10

22. [清] 西清 .《黑龙江外记》. 中华书局，1985

23. [清] 曹廷杰 .《曹廷杰集》. 中华书局，1985

24. 郭克兴 .《黑龙江乡土录》. 成文出版社，1974

25.《清实录 · 圣祖实录 · 卷八》. 中华书局，1985

26.《赫哲族简史》编写组 .《赫哲族简史》. 黑龙江人民出版社，1984

27. 凌纯声 .《松花江下游的赫哲族》. 国立中央研究院历史语言研究所，1934

28. 黄任远 .《赫哲风情》. 中国商业出版社，1992.10

29.《民族问题五种丛书》黑龙江省编辑组 .《赫哲族社会历史调查》. 黑龙江朝鲜民族出版社，1987.03

30. 秋浦 .《鄂伦春社会的发展》. 上海人民出版社，1978

31. 内蒙古少数民族社会历史调查组 .《逊克县鄂伦春民族乡情况》. 内蒙古少数民族社会历史调查组，1959

32. 巴图宝音 .《〈民俗文库〉之十二 达斡尔族风俗志》. 中央民族学院出版社，1991.08

33. 杨昌国 .《符号与象征——中国少数民族服饰文化》. 北京出版社，2000.08

34. 刘金明 .《黑龙江达斡尔族》. 哈尔滨出版社，2002.04

35. 姜若愚主编 .《中国民族民俗》. 高等教育出版社，2002

36. [清] 张光藻 .《龙江纪事绝句一百廿首》. 上海古籍书店，1980

37. [明] 郭奎 .《望云集 · 卷二》

38. [清] 高士奇 .《扈从东巡日录》(《长白丛书》). 吉林文史出版社，1986.06

39. [俄] P·马克 .《黑龙江旅行记》吉林省哲学社会科学研究所翻译组译，商务印书馆，1977
40. [清] 吴桭臣 .《宁古塔纪略》（《龙江三纪》）. 黑龙江人民出版社，1985.10
41. [清] 徐宗亮修 .《黑龙江述略》. 重庆图书馆，1963
42. 韩有峰 .《鄂伦春族风俗志》. 中央民族学院出版社，1991.11
43. 张伯英总纂 .《黑龙江志稿》. 黑龙江人民出版社，1992.05
44. [北魏] 郦道元 .《水经注》. 贵州人民出版社，2008.09
45. [唐] 樊绰撰 .《蛮书》. 中国书店，1992.07
46. [明] 宋濂 .《元史》. 中华书局，1976
47. 阿坝藏族羌族自治州地方志编纂委员会 .《阿坝州志（全三册）》. 民族出版社，1994.10
48. [宋] 司马光 .《资治通鉴》. 北岳文艺出版社，1995.06
49. 席龙飞编 .《中国造船史》. 湖北教育出版社，2000.01
50. [英] 道森编 吕浦译 周良宵注 .《出使蒙古记》. 中国社会科学出版社，1983.10
51. 全国人民代表大会民族委员会办公室 .《内蒙古自治区呼伦贝尔盟阿荣旗查巴奇乡索伦族情况》. 全国人民代表大会民族委员会办公室，1957
52. 香山公园管理处编 .《清·乾隆皇帝咏香山静宜园御制诗》，中国工人出版社，2008.09版
53. [清] 何秋涛 .《朔方备乘》. 文海出版社，1964.07
54. 徐世昌撰 .《东三省政略》. 文海出版社，1965.12
55. 波·少布 .《黑龙江鄂温克族》. 哈尔滨出版社，2008.06
56. 魏声和等 .《吉林地志、鸡林旧闻录、吉林乡土志》. 吉林文史出版社，1986

57. 吴雅芝．《最后的传说 鄂伦春族文化研究》．中央民族大学出版社，2006.05

58. 郑振铎辑．《玄览堂业收续集·寰宇通志》．国立中央图书馆，1947

59.[清] 张缙彦．《宁古塔山水记》．黑龙江人民出版社，1984

60. [宋] 沈括．《梦溪笔谈》．辽宁教育出版社，1997.03

61. [明] 刘若愚．《明宫史》．中华书局，1991

62. [明] 刘侗 等撰．《帝京景物略》．北京古籍出版社，1980.10

63. [清] 汪启淑．《水曹清暇录》．北京古籍出版社，1998

64. 孙丕任 卜维义．《乾隆诗选》．春风文艺出版社，1987

65. 徐永昌．《文物与体育》．东方出版社，2000

66. 毅松 涂建军 白兰．《达斡尔族 鄂温克族 鄂伦春族文化研究》．内蒙古教育出版社，2007.07

67. [唐] 杜佑．《通典》．中华书局，1984

68. 金毓黻辑．《遼海业书•大元大一统志》．辽海书社，1940

69. [清] 长顺 等修．《光绪吉林通志》．凤凰出版社，2009.12

70. 《同江文史资料》第二辑，1986

71. 《民族问题五种丛书》黑龙江省编辑组．《赫哲族社会历史调查》．黑龙江朝鲜民族出版社，1987.03

72. 黄任远．《赫哲风情》．中国商业出版社，1992.10

73. 吕光天．《鄂温克族》．民族出版社，1983

74. 赵复兴编．《鄂伦春族社会历史调查 第二集》．内蒙古社会科学院民族研究室，1982

75. 宋兆麟 高可 主编．《中国民族民俗文物辞典》．山西人民出版社，2004

76. [清] 鄂尔泰等．《八旗通志》．东北师范大学出版社，1985

77. [清] 理藩院编．《乾隆朝内府抄本〈理藩院则例〉》．中国藏学出版

社，2006.12
78. 辽宁省档案馆 辽宁社会科学院历史研究所 沈阳故宫博物馆 .《三姓副都统衙门满文档案译编》. 辽沈书社，1984
79. [日] 间宫林藏 .《东鞑纪行》. 商务印书馆，1974
80. 秋浦等 .《鄂温克人的原始社会形态》. 中华书局，1962
81. 宋兆麟 .《人与鬼神之间 巫觋》. 学苑出版社，2001.12
82. 徐昌翰 黄任远 .《赫哲族文学》. 北方文艺出版社，1991.12
83. 黄任远 .《赫哲那乃阿伊努原始宗教研究》. 黑龙江人民出版社，2003.04
84. 张嘉宾 .《黑龙江赫哲族》. 哈尔滨出版社，2002.04
85. 韩有峰等 .《鄂伦春族历史、文化与发展》. 哈尔滨出版社，2003
86. 鄂・苏日台 .《鄂温克民间美术研究》. 内蒙古文化出版社，1997.09
87. 唐戈 .《在森林在草原》. 新疆人民出版社，2000.02
88. 孟慧英 .《寻找神秘的萨满世界》. 西苑出版社，2004.10
89. 卡丽娜 .《驯鹿鄂温克人文化研究》. 辽宁民族出版社，2006.07
90. 王叔磐主编 .《北方民族文化遗产研究文集》. 内蒙古教育出版社，1995.06
91. 乌丙安 .《生灵叹息》，上海文艺出版社，1999.01
92. 孟慧英 .《萨满英雄之歌——伊玛堪研究》. 社会科学文献出版社，1998.03
93. 孟志东主编 .《达斡尔族研究（第四辑）》. 内蒙古达斡尔历史语言文学学会，1989.12
94. 隋书金编 .《鄂伦春族民间故事选》. 上海文艺出版社，1988.09
95. 陈思玲 刘厚生 陈虹娓编著 .《道教、萨满教》. 吉林人民出版社，1996.08
96. 孙运来 编译 .《黑龙江流域民族的造型艺术》. 天津古籍出版社，1990.10
97. 富育光 .《萨满论》. 辽宁人民出版社，2000

98. 张嘉宾主编 .《赫哲族研究》. 哈尔滨出版社，2004.05
99. 龙吟诗社编 .《黑龙江历代诗词选》. 黑龙江人民出版社，1990.06
100. [清] 王锡祺辑 .《小方壶斋舆地丛钞 第3册》. 杭州古籍书店，1985.11
101. 赵复兴 .《鄂伦春族游猎文化》. 内蒙古人民出版社，1991.05
102. 刘晓春 .《鄂伦春风情录》. 四川民族出版社，1999.09

结束语

随着国家非遗保护工程的开展与日益深入，非遗的保护呈现了多方位的立体的保护态势。想起第一批国家名录申报时，饶河县文化局的几位领导和主管县长亲自陪同，协助调查，使笔者顺利完成任务，并申报成功。现在他们大多已经不在位了，但看到今天的成果，想他们会和我一样无比的欣慰。

三皮文化的保护，凝结着众人的智慧和力量：各级政府与领导的关怀与支持；几代挚爱自己民族文化的传承人、民间艺人的坚守；几代专家学者、研究人员不甘寂寞的笔耕不辍。方使非遗保护这棵大树茁壮成长，枝繁茂盛。也正缘于此，才成就了本书的面世。

在此，谨向他们致以诚挚的感谢！感谢省文化厅、省非遗保护中心、省民族博物馆、各民族地区文化局的领导与有关部门；感谢许许多多研究记录桦皮文化的学者专家与同仁，你们的成果给予我很大的帮助与启迪。感谢各民族支持协助我采访调查的朋友们。感谢一直在为民族民俗文化书籍出版奔波奉献的李春兰女士。

这部书稿经历了几个年头，算是曲折问世。几年前，半部书稿因电脑中毒，一瞬间消失得无影无踪，我烦恼了一个月无心提笔。当然，到头来还是从头开始。因身体欠佳，工作又忙，渐失了昔日爬格子到深夜的精力。直到省非遗中心落实了出版计划、催稿电话挂来时，书稿仍是半成品。正卧病榻的我有些力不从心了。但想起那些支持关心我的领导同仁朋友们，我还是激励自己，克服病痛，拿起了笔。关键时刻，丈夫又给了我

一个坚强的臂膀。他几乎承担了这部书稿图片的技术处理、书稿电子版的录入与校对，以及部分资料查找的大部分工作。我非常感动，仅致谢意。

笔者学识有限，书稿难免有疏漏和谬误之处，敬请专家、学者和同仁们不吝赐教。

张敏杰

壬辰初夏

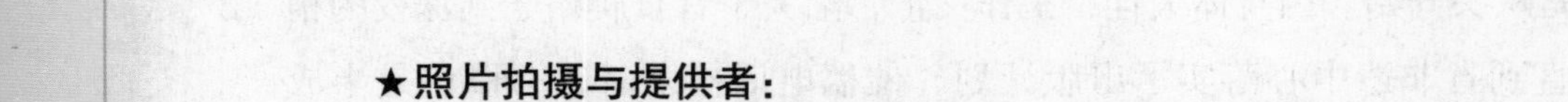

★照片拍摄与提供者：

辜适之、张敏杰、付占祥、李鹏宵、郭宝林、陶丹丹、牛清臣、波·少布、柳伟光、鄂温克旗博物馆、伊春市文管所

后记

《黑龙江省非物质文化遗产系列丛书》是在黑龙江省文化厅组织指导下完成的我省第一部非物质文化遗产保护和研究的阶段性成果。该书结合我省现阶段非物质文化遗产保护工作的实际，既有理论性，又有时效性和实践性，对非物质文化遗产保护工作具有切实的指导意义。全书客观而全面地反映和记述黑龙江省非物质文化遗产项目的历史和现状，全方位、多层次地展现我省非物质文化遗产项目的基本特征和表现手法。从中，我们可以了解到黑龙江省悠久灿烂的非物质文化遗产，也能感受到有些非物质文化遗产保护面临的忧虑，更能体会到近年来黑龙江省非物质文化遗产保护取得的长足进步，真正起到存史藏志的作用。我们坚信，这一平台的搭建，将会不断推进黑龙江省的非物质文化遗产理论研究工作，为中国非物质文化遗产保护工作作出贡献。

黑龙江省非物质文化遗产保护中心、黑龙江省艺术研究所受黑龙江省文化厅委托，组织全省相关专家、学者，编纂此书，出于对非物质文化遗产保护工作的一种责任心和使命感，编纂人员在编纂的过程中查阅了大量相关资料，对原有的资料进行了认真的梳理，并将近年来研究的新成果融会于该书中，使该书更具有学术价值、社会价值、历史价值。

在本书的编纂过程中，得到了黑龙江省文化厅非遗处及相关部

门的大力支持和帮助，黑龙江人民出版社龚江红社长、李春兰编审也为此书的出版付出了辛勤的努力，全省各地、市非物质文化遗产项目所在地传承人、基层工作人员、专家学者也为此书做了大量的前期工作，在此致以诚挚的谢意！

由于水平有限，本书在具体内容收集、编纂体例和史实考证等方面可能还有疏漏与不当之处，谨祈读者批评指正，以便将来再版时补充修正。

谨以此书献给关爱黑龙江省非物质文化遗产的志士仁人。

《黑龙江省非物质文化遗产系列丛书》编辑部